控制类课程群理实一体化教学平台构建方法

樊泽明　余孝军　王鸿辉　陈秦虎　曾习磊　著

U0207370

科学出版社

北京

内 容 简 介

本书针对现有的混合式学习模式中存在理论、实验及创新实践三个环节的时间及空间分离问题，探索并构建一套"理实同步-虚实结合-资源共享"线上线下混合式人才培养平台。包括：建立了全新的通信网络控制模型，解决了通信互联网络引入的时延问题，实现了混合式学习线上线下课程的同步集成，提高了高校课堂教学效率；解决了个性化知识建构平台集成和多设备跨平台集成的信息安全问题，构建了创造性知识生成系统，并完成了知识库的自动更新。采用线下高校课堂与线上慕课混合策略，打造了一套全程同步混合式学习环境平台，满足学生从入学到毕业的"理论、实验、创新实践一体化同步混合式学习"的需求。

本书适合教育专业人士、学者，以及对混合式学习和人才培养平台感兴趣的从业者阅读，包括教育技术专家、学科教师、教育管理者等。同样，科技领域的研究人员和工程师也可能对文中涉及的通信网络控制模型、深度学习算法等技术内容感兴趣。

图书在版编目（CIP）数据

控制类课程群理实一体化教学平台构建方法 / 樊泽明等著. —北京：科学出版社，2024.9
ISBN 978-7-03-077427-9

Ⅰ. ①控… Ⅱ. ①樊… Ⅲ. ①自动控制理论–教学研究–高等学校 Ⅳ. ①TP13-42

中国国家版本馆 CIP 数据核字（2024）第 006437 号

责任编辑：姚庆爽 / 责任校对：崔向琳
责任印制：赵　博 / 封面设计：无极书装

科学出版社 出版
北京东黄城根北街 16 号
邮政编码：100717
http://www.sciencep.com
北京天宇星印刷厂印刷
科学出版社发行　各地新华书店经销

＊

2024 年 9 月第 一 版　开本：720×1000　1/16
2025 年 1 月第二次印刷　印张：12 1/4
字数：247 000
定价：120.00 元
（如有印装质量问题，我社负责调换）

前　　言

教育是社会发展的重要依靠和动力之源，而"理论、实验、创新实践"是教学学习的三个关键环节，三者的有机融合可以使教学学习效果达到最佳。然而，在现有的各种人才培养平台下，这三者都存在着不同程度的时间、空间上的分离现象，导致现有人才培养平台和模式并没有达到很好的效果。因此，探索和实践一种"理实同步-虚实结合-资源共享"线上线下混合式人才培养平台是很有必要的。

1. 学习环境中线上线下实验与创新实践的同效技术

针对现有混合式学习模式中存在理论、实验及创新实践三个环节的时间及空间异步、虚拟仿真与真实实验分离、各类教学资源封闭等问题进行分析，结合工程教育教学需求和网络控制技术，作者提出并开发一种由设备群、服务器群、教师群和学生群组成的新型混合式学习环境，实现理论、实验、创新实践的一体化集成，为高校课堂提供"理实同步-虚实结合-资源共享"线上线下混合式学习环境。该学习环境中的理实同步是指理论、实验、创新实践同步，虚实结合是指虚拟仿真与真实实验结合，资源共享是指课程实验室、专业实验室、学科实验室共享，以及与理论教学资源有机融合，线上线下混合是指实现"理实同步-虚实结合-资源共享"的慕课课堂与传统课堂通过学习环境有机融合。

该学习环境整体采用分层式结构，主要包括用户层(浏览器)、服务层(服务器)、和设备层(实验设备)等三个层级。其中，用户层主要由在线实验、在线编程、虚拟仿真、用户功能、资源查询等模块组成；服务层主要由实验数据处理、虚拟仿真模型、远程监控、用户功能后台处理、教学资源(包括：课件、教材、视频)等模块组成；设备层主要由课程实验室、专业实验室、学科实验室内的各种实验设备组成。

这三个层次通过校园网进行互联，但校园网的动态非平稳随机时延可能导致网络时延、丢包、乱序等问题。为解决远程实验与本地实验不同效的问题，本书提出一种多层自主网络时延处理方法，利用大系统理论的自主网络延时、丢包、错序处理机制构建了双通道三级改进型 Smith 预估补偿器时延补偿方法。该方法由实验与实践程序、服务器群维调度算法、学习者浏览器呈现、控制周期调度算法、设备安全监测与控制等模块，可以有效解决网络引入导致的实验失效问题。

2. 个性化知识的学习环境构建与安全控制策略

为满足学生个性化算法的编写需求，该平台设计了一种安全闭环实验与创新实践环境。该环境由仿真模型、入口参数、实验与创新实践程序执行、出口参数、程序编辑器、编辑检查、差错监控等模块组成。其中，实验与创新实践环境由三级闭环组成：一级为实验与创新实践运行环境，即"设备模型→入口参数模块→实验与创新实践程序执行模块→出口参数模块→设备模型"的运行环境；二级为实验与创新实践编程环境，即"设备模型→入口参数模块→程序编辑器模块→出口参数模块→设备模型"的运行环境；三级为编辑检查环境，即"程序编辑器模块→查错监控模块→C 编辑器模块"环境。

同时，学习环境采用三级安全策略，保障学习环境的安全性：一级安全环境为"C 编辑器模块→查错监控模块→程序编辑器模块"的反复测试，保证学生编写程序的正确性；二级安全将基于浏览器的程序策略的实验与创新实践环境集成封装，从而保证实验与创新实践环境的可靠性；三级安全采用组态软件封装技术将实验与创新实践设备完全封装，保证设备群维的可靠运行。

此外，为解决学生仅通过浏览器登录时的无网络时延问题，学习环境集成了时延处理算法与编译环境。采用通用计算机编程语言(如 C、Java)作为基本语言，为学生提供简易操作和底层、深度、完全开放的实验、创新实践操作环境。该环境面向本地客户端设备与远程实验的供需问题，可以解决实验设备的个人专有和多人共享这一矛盾，实现学生从入学到毕业期间时时能学、处处能练。

3. 创造性知识生成、多样化知识表示及资源共享的培养模式构建

联通主义学习理论认为学习存在于混沌、复杂、动态和碎片化的网络节点当中，学习不再是内化的个体活动，而是基于大规模网络化和社会化的交互过程，是一个连接建立和网络形成的过程。我们采用"互联网+教育"技术，将设备群维、服务器群维、学生群维和教师群维四个维度集成，将理论、实验、创新实践三类环节有机融合，将慕课与高校课堂二种课堂有机混合，并采用联通主义学习理论，通过其历史使用记录，由深度学习算法进行分析后，采用线下高校课堂与线上慕课无缝混合策略，构建创造性知识的生成系统，完成服务器知识库的自动更新，构建创造性知识的生成系统；为便于理论、实验、创新实践结果展示，学习环境还根据所生成知识特征，采用曲线、视频、动画、课件等多种知识表示形式，在个人浏览器上以菜单切换模式和同屏显示方式呈现给用户，提高了教学效率和可操作性；设计了现实社会、教学环境、认知学习环境的临场感。通过大规模、网络化、社会化的线上交互来帮助学习者在混沌、复杂动态的网络节点中寻找到关键节点，实现混合式学习的线上、线下活动互动，促进学习者与关键节点的深层次交互与意会。

本书为作者所在课题组近二十年来，为解决混合式学习模式中理论、实验及创新实践三个环节的时间及空间分离问题，提出构建一种理实同步-虚实结合-资

源共享"线上线下混合式人才培养平台的方法。本书特别适合教育专业人士、学者，以及对混合式学习和人才培养平台感兴趣的从业者阅读，包括教育技术专家、学科教师、教育管理者等作为参考。

本书由西北工业大学樊泽明、余孝军、王鸿辉、陈秦虎和曾习磊共同撰写而成。由樊泽明全面负责编写、修订和统稿。西北工业大学万昊、康美琳、陈洋、杨佳伟、王兴铎、徐栋、张傲、王鹏博、卢蓓蓓、余霖靓等研究生完成了大量的资料收集、整理、编写等工作。

在本书编写和出版过程中，得到众多领导、专家、教授、朋友和学生的热情鼓励和帮助。本书参考了相关专著、论文、网络资源等材料，在此对上述材料的作者致以衷心的感谢。

由于作者水平有限，本书难免存在不妥之处，敬请广大读者批评指正。

作　者

2024 年 1 月

目　　录

第1章 绪 论

1.1 研 究 意 义

高等教育是目前培养高级专门人才和职业人员的主要社会活动，是社会发展的重要依靠和动力之源。社会的发展离不开高等教育[1]。2017 年提出了科教兴国、人才强国、创新驱动发展等七个国家发展战略，每个战略都跟高等教育密切相关。2019 年，《加快推进教育现代化实施方案(2018—2022 年)》也提出全面推进教育现代化，并给出了推进教育现代化的十项重点任务和四个保障措施[2]。一系列的路线、方针和政策指出了教育是中华民族伟大复兴的内容，更进一步突出了高等教育在我国未来社会发展中的作用，把高等教育的地位提高到了前所未有的新高度。

作为高等教育实施的主战场，高校教学一直是高等教育工作的重点，而如何解决"大学应该怎么教、学生应该怎么学、学得怎么样"这一提高高校教学效率的难题更受到世界范围内的广泛关注[3]。2016 年 2 月，素有高等教育风向标之称的美国新媒体联盟推出了一期《地平线报告》(高等教育版)，报告称混合式学习已经成为一种卓越教学和学习方式，它的平台设计与应用推广将是未来高等教育发展的重要方向[4,5]。随后新媒体联盟《地平线报告》2017、2018 连续两年报告中均提到混合式学习设计和广泛应用[6,7]。混合式学习(blended learning)是一种将高校课堂课程与慕课(massive open online courses，MOOC)有机整合的线上线下混合式学习模式，被认为是提高高校教学效率的一种全新学习方式[8]。图 1-1 显示的是现有混合式学习模式的一种拓扑结构，其中左侧的虚线框为传统高校课堂课程的线下学习，右侧的虚线框则是以慕课模式为核心的线上学习。该模式把传统高校课堂学习方式的优势和网络化学习的优势结合起来，既能发挥教师引导、启发、监控教学过程的主导作用，也能充分体现学生作为学习过程主体的主动性、积极性与创造性[9-13]。

理论、实验、创新实践是混合式学习的三个关键环节。在 2018 年 8 月 22 日首次召开的新时代全国高等学校本科教育工作会议上，教育部长指出："高校教师要把育人水平高超、现代技术方法娴熟作为自我素质要求的一把标尺，广泛开展探究式、个性化、参与式教学，推广翻转课堂、混合式教学(学习)等新型教学模式"；会议发布的"新时代高教四十条"及"六卓越一拔尖计划 2.0"领跑计划，在强调理论教学环节重要性的同时，也指出了理论、实验与创新实践三个教学环节实践的必要性。

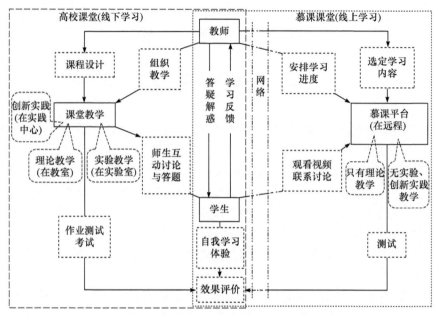

图 1-1　现有混合式学习模式拓扑结构

理论、实验、创新实践也是行为主义、认知主义、建构主义及联通主义等四大经典学习理论强调的重点[14]。经典学习理论强调："情景是促进学习的有效途径"，理论在实验和创新实践所创设的真实物理环境中完成刺激与学习，达到事半功倍的效果，即理论、实验、创新实践一体化同步集成混合式学习，是人才培养的有效途径。2016 年英国教育部发布了《英国高等教育白皮书》[15]；美国卡内基教学促进会 2001 年发布了《重塑本科教育：博耶报告三年回顾》[16]，斯坦福大学 2015 年发布了《斯坦福大学 2025 计划》[17]，麻省理工学院 2016 年发布了《高等教育改革的催化剂》[18]等。这些均强调理论和创新实践是人才培养的关键环节。

然而，在当前现有的混合式学习模式中，存在如图 1-2 所示的两个严重问题：①高校课堂中理论、实验、创新实践三个教学环节时空分离，即在空间域，存在着理论在教室、实验在实验室、创新实践在创新实践中心；而在时间域，则存在着理论在先、实验在后、创新实践在最后的问题；②慕课课堂中只有理论教学环节，缺乏实验、创新实践两个关键的教学与学习环节。三个教学环节存在的空间与时间分离问题，将严重影响高校教学效率：首先，在混合式学习模式的高校课堂部分，无论是传统课堂还是学生课下学习，理论与实验、创新实践环节的分离，容易造成教师理论讲解难、实验指导难、实践指引难的三难教学模式；对学生则容易造成理解难、实验走形式、实践缺条件的低兴趣、低效率、低能力的学习模式。其次，在混合式学习模式的慕课部分，由数千所名校参与、数万门课程上线、数亿学生在线学习的慕课，缺乏真实的实验、创新实践环节，同样容易造成学生理解难、学生学习效率低、实际动手能力差等问题。

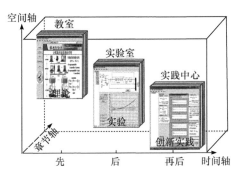

图 1-2　混合式学习模式现状

针对混合式学习模式下，高校教学中理论、实验、创新实践三者存在空间、时间分离的实际问题，作者所在教学团队根据十多年的一线教学经验，结合学生实际学习与实践的需求，建立了一套如图 1-3 所示的理论、实验、创新实践一体化同步高校课堂教学平台。利用校园网络的通信互联功能，该平台可实现设备群维、服务器群维、教师群维与学生群维四个维度互联；理论、实验及创新实践三个教学环节融合的"四维集成三类融合"一体化高校课堂教学功能。通过该平台统一的浏览器界面，教师可以在教室通过校园网启动远程实验室的实验及创新实践设备，实现三个教学环节一体化同步，学生可以同时同地在同一界面完成课堂教学中的"教学做"三个关键环节。

经过多年的教学及实践课程验证测试，该平台已取得了良好的实际教学科研效果，得到了同行的肯定和认可。目前，平台已获得的 3 项国家发明专利和 1 项陕西省高校科学技术奖，证明了该平台的创新性和科学意义；而从实际应用角度看，平台所获得的 2 项国家级教学类奖项、2 项省部级教学类奖项，以及在十多所高校一线课堂教学的应用，更证明了该教学平台的有效性和实际应用价值。

值得注意的是，虽然该平台已在部分课程教学实践中得到应用，并取得良好的教学效果，但其应用仅局限于校园网内课堂教学的线下学习。在新时代信息化网际教学应用中，一方面由于国内外的慕课平台，如 Coursera、爱课程等，都在互联网环境下运行，另一方面由于教育部"高教四十条"和"六卓越一拔尖计划2.0"也要求新建设的学习环境满足高等教育的普及化需求，且"互联网+"时代的混合式学习实践要求实现高校课堂和慕课有机集成，互联网成为构建"理论、实验、创新实践同步一体化"这一新型混合式学习环境的必然选择。"互联网+"时代的混合式学习由传统的"共性的标准化知识的习得"转变为"个性化知识的自主建构"与"创造性知识的生成"一体两面的两个内容[11,14]。

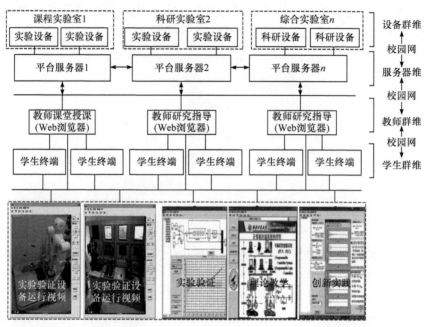

图 1-3 已建成的理论、实验、创新实践一体化同步高校课堂教学平台

然而,互联网通信下"理论、实验、创新实践一体化同步混合式学习"环境的构建存在以下三个方面的问题,严重制约着该平台的普及应用。首先,作为连接学生终端、教师终端、实验设备及服务器终端的工具,通信互联网是一个动态非平稳随机时延网络,由于时间地点、网络通信路径和能力的不同,以及学生访问量的变化等随机原因,引起通信网络的时延、丢包、乱序等现象,导致基于通信互联网络的远程线上实验结果与本地实验不同效甚至失效的问题。图 1-4(a)是作者课题组前期开发的一套基于校园网的远程一体化教学实验平台。在其他条件完全相同的情况下,对该实验台内框的力矩电机进行基于互联网的远程线上实验,并与基于校园网的远程线上实验和在实验室本地实验进行对比如图 1-4(b)所示,图 1-4(b)中的测试结果显示,代表本地控制实验的实线与代表互联网远程网络浏览器控制的点画线差别巨大。而校园网浏览器控制实验与实验室本地实验曲线形状相同,只是滞后了一段时间。这种由通信网络引入的差异对于各专业的控制类实验具有极大影响。由于通信网络传输的随机特性,要从网络通信角度去消除时延几乎不可能。因此,为达到学生远程网络的线上实验与实验室本地线下实验相同效果,如何补偿通信网络动态非平衡随机时延对实验、创新实践的影响,是其

中的关键问题。

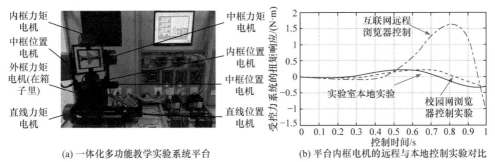

(a) 一体化多功能教学实验系统平台   (b) 平台内框电机的远程与本地控制实验对比

图 1-4 浏览器控制与本地控制实验效果对比图

其次，通过互联网有机集成实验设备群维、服务器群维、教师及学生群维，形成由多种不同主客体组成的平台，实现"新型混合式学习"模式下的"个性化知识自主建构"，同时解决平台信息集成引入的系统安全问题。为达成这一目标，需在作者所在教学团队目前所开发教学平台上，实现"个性化知识的自我建构"这一基本功能。在此基础上，根据实验对象、实验设备、应用环境及安全性与涉密程度差异，解决用户的安全登录、黑客及网络病毒攻击的防御等系统安全问题。作者所在教学团队已经开发的理论、实验及创新实践一体化同步高校课堂教学平台仅在校园网环境下的控制类课程中实现验证。解决互联网环境下系统安全性问题是完成系统应用推广的前提。

此外，"创造性知识的生成"系统及所生成知识的表示(knowledge representation)与呈现问题，既是"新型混合式学习"环境的基本功能，又是影响该新型混合式学习环境推广的另一个重要问题。联通主义学习理论认为学习存在于混沌、复杂、动态和碎片化的网络节点当中，学习不再是内化的个体活动，而是基于大规模的网络化和社会化的交互过程中，学习主要是一个连接建立和网络形成的过程。因此，"新型混合式学习"环境下，如何通过大规模、网络化、社会化的线上交互来帮助学习者在混沌、复杂动态的网络节点中寻找到关键节点，实现混合式学习的线上、线下活动互动，促进学习者与关键节点的深层次交互与意会，是利用平台提高教学效率的重要课题[14]。

针对互联网络通信下"新型混合式学习"环境开发存在的具体问题，作者所在教学团队在已研发的校园网内同步一体化教学平台研究基础上，首先构建教学实验系统的网络控制模型，提出自主补偿网络时延策略，解决网络时延、丢包、乱序等造成的实验、创新实践不同效问题；然后利用目前应用最广泛的浏览器作为"新型混合式学习"环境的信息交互界面，完成"个性化知识自我建构"的平台集成，并采用基于网络控制模型的三级保护机制和单播多播业务疏导及故障保护算法模型，研究平台集成时的系统安全控制策略；最后，应用联通主义学习理论，解决"创造性知识的生成"系统构建及所生成知识的表示与呈现。

1.2　研究现状及发展动态

1. 关于混合式学习模式研究

混合式学习模式是近年来教育研究领域的重要热门课题。通过国外知名数据库的查询，结果显示目前混合式学习研究较多，大多以探究和挖掘混合式学习的优点为主。其中，Jia 等分析了混合学习的基本理论，建立了网络环境下混合学习教学模式的框架[19]；Lervik 等研究了在线学习、校园教学以及二者相结合的效果比较，得出在线和校园教学相结合是首选，并提供了一个优化的学习方法[20]；Makarova 等则研究了混合式学习的教育内容、管理学习过程和平台建设，教育应用形式分析表明，混合学习比传统学习和 e-learning 有较大优势[21]；Rahman 等研究一种研究和学习流体力学教学案例，在悉尼大学，对 734 名学生在 4 年期间采用混合式学习方法，研究表明，学生的总体满意度比传统的学生增加了 18%[22]。通过这些已有研究发现，现有研究仅分析了混合式学习的优点，并没有涉及混合式学习中实验及混合式学习模式的具体实现问题。

混合式学习模式在国内教育领域也受到了大量关注，截至 2022 年 6 月，在知网和万方数据两大数据库中检索"混合式学习"或"混合学习"有 757 篇，主要集中在 2012～2018 年，而这些论文的主要研究内容，基本上均聚焦于课堂中面对面线下教学与学习和 MOOC 线上教学与学习的混合方法研究。其中最具代表性的文献为杜世纯关于混合式学习的实现路径与效果评价研究[23-25]。这些论文在述评了混合式学习国内外研究现状的基础上，总结出该领域研究的不足：首先，主流学习理论如何扩展、创新成一种能够指导混合式学习模式研究的新学习理论；其次，混合式学习的实证研究较少。此外，混合式学习的平台设计与开发较少。

本书针对这三点不足展开了研究，但其研究仅限于理论环节的教学和学习，没有涉及实验教学和学习环节在混合式学习平台中的有机集成，更没有研究三者一体化同步的具体实现方式问题。

2. 关于远程网络控制实验研究

美国在 1989 年提出远程实验室的前身——合作实验室的概念，随后推出了 FutureLab，并成功应用于初中到高中的各个年级的物理、化学、生物等课程的学习[26]。现在该实验室模式正向虚拟实验室发展，学生或教师在课堂上直接访问虚拟实验室，完成实验数据的生成及结果的分析[27]。美国伊利诺斯州立大学芝加哥分校的 VRiCHEL (Virtual Reality in Chemical Engineering Laboratory)实验室研制了 Vicher 系统，设计多个虚拟实验室，探索和开发虚拟现实技术在化学工程教育领域的应用，仿真现代化的化工厂进行教学[28]。Choy 等开发了实现本科教学的遥控光学实验，并通过 109 名物理一年级本科生的进行应用调查，调查结果表明参与者对远程教学的极大兴趣[29]。Mourad 等则提出了一个基于学生个人学习环境的解决方案[30]；Milan 等研究了一个远程教学电信测量实验室的案例研究[31]，而 Cardoso 等研究了工程课程可以受益于使用远程实验室来支持教学活动和在线学习，并可以进行参数式演示实验[32]。

然而，远程网络控制实验室在国内研究甚少，目前已知北方工业大学开展了相关的研究工作，并已建成开放式远程实验室教学系统，对远程实验进行数据采集、流媒体网络广播等技术做了一些研究；已取得初步结果显示此系统可在教学中发挥重要作用，收到了很好的效果[33]。

上述已有关于远程网络控制实验室的研究显示，目前已有研究仅限于虚拟仿真实验、演示性实验或测试性能实验。从结构上看，虽然这些实验室及相应实验是基于网络进行的，但所有实验均没有涉及网络实时控制问题，因此也就没有涉及网络通信时延、丢包、乱序对实验的影响研究。基于网络控制的线上线下理论、实验及创新实践课程的一体化同步问题目前尚未见研究报道。

3. 理论与实验一体化教与学的研究

理论与实验一体化教学系统很早就受到国内外教育工作者的重视。张云鸽、马玉龙、等人分别通过对现有教学模式进行改革，合理安排教学过程，激发学生的主动意识、积极性等措施，对"教学做"一体化的教学模式进行了尝试，研究了理论和实践进行结合的模式和方法，并将其运用于计算机、PLC 控制系统分析与实践课程、电工电子技术、电厂汽轮机等课程的教学实践，消除了理论、实验实训的隔阂，相比传统教学方式起到了良好的教学效果[34-40]；王树瑾、徐文娟等人也先后对"理论实践一体化"教学模式进行了研究探索，并以职业教育为导向，分析了一体化教育的意义和作用，从不同角度开展了不同形式的一体化教学实践[36,41-43]。然而，上述对理论与实验一体化教学模式的研究，分别提出了以针对课程本身为中心的一体化教学思想，可遗憾的是没有研究如何在实际课程教学中实现一体化教学。

4. 网络控制系统时延补偿研究

目前，关于网络控制系统时延的研究主要集中在网络时延、乱序、丢包补偿方面。然而，作者所构建的学习平台具有特殊性，即在补偿网络通信对实验的影响时，需要在不改变实验条件且不校正实验对象的情况下进行。在这方面，最具代表性的研究文献是杜锋提出的基于新型 Smith 预估器的网络控制系统模型[44]，详见图 1-5。

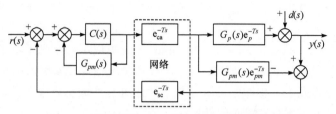

图 1-5　基于新型 Smith 预估器的网络控制系统

　　该模型从结构上实现了对网络延迟和被控对象纯滞后的双重 Smith 动态预估补偿控制，实现了将前向通路的网络延迟和被控对象纯滞后从闭环回路中移到闭环回路外，将反馈通路的网络延迟从控制系统中彻底补偿。然而，该系统模型虽然将时不变被控对象前向通路的网络延迟，和被控对象纯滞后从闭环回路中移到闭环回路外，却未将干扰的前向通道从闭环回路中移到闭环回路外，也未将干扰反馈通路的网络延迟从控制系统中补偿；此外，该方法对于补偿丢包、乱序等网络问题及时变被控对象的前向和反馈通道的网络时延补偿也尚有不足。基于杜锋教授提出的网络控制模型，张春教授团队于 2016 年提出了如图 1-6 所示的改进型 Smith 预估补偿器模型，研究了时变被控对象的前向和反馈通道的网络时延补偿问题。该方法通过反馈通道上加入一阶惯性环节，虽然对时变被控对象与预估模型参数失配而影响时延补偿问题，但仍然满足不了实验条件要求[45]。

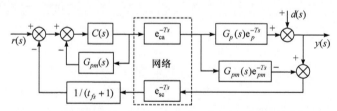

图 1-6　基于改进 Smith 预估补偿器的网络控制系统结构

　　近来，Batista 等尝试采用自适应的 Smith 预估器解决时变被控对象与预估模型参数失配引起的时延补偿问题，但该方法对时延影响补偿精度非常有限[46]；Bonala 等提出了一种基于数字化 Smith 预估器的延迟补偿器在网络控制系统中具有有界网络诱导时变延迟和丢包的延时鲁棒性改进能力的研究，并用多项式表示时变系统模型，该方法补偿时延与被控对象模型集成，从而提高控制器的性能[47]。然而，由于本学习平台中没有固定的控制器，无法提高控制器性能，因此，只能从新型控制模型构建理论及方法入手，建立通信网络控制模型，从而解决网络通信引起的时延、丢包和乱序等问题，实现通信网络线上线下理论、实验及创新实践课程的同步一体化，以期将这一全新的学习模式应用于现代教育和人才培养过程中。

近年来计算机技术和互联网技术的飞速发展，为上述问题的解决提供了前提条件。作者所在教学团队基于通信互联网控制模型解决通信网络时延问题，搭建一套集理论、实验及创新实践线上线下课程于一体的混合式教学实验平台。该平台采用 Web 浏览器为交互媒介，为平台用户提供程序级底层、深度、开放式教学实验环境，并在此基础上实现了如下多种功能：首先，采用一种全新的混合式学习模式，将所有学习资源集中于服务器上，实现了传统线下"高校课堂"与新兴线上"MOOC 课堂"的有机融合；其次，实现了理论学习、实验操作及创新实践的一体化同步，提高了高校课堂教学质量、学生的学习效率及动手能力；第三，完成了混合式学习的线上线下教学过程中的"个性化知识自我构建"平台集成、"创造性知识"环境构建及所生成知识的表示与呈现，为响应教育部提出的"六卓越一拔尖"计划，加快实施高等教育的普及化提供了综合式学习平台。

1.3　核　心　内　容

本书详细阐述作者所在课题组如何构建一套"理论、实验、创新实践一体化同步混合式学习"(简称"新型混合式学习")环境平台。考虑该环境平台实现时面临的具体实际问题，作者将相关内容分解为以下五个方面。

(1) 研究分析"新型混合式学习"环境构建所面临的主要问题：以作者所在课题组前期搭建的理论、实验、创新实践一体化同步高校课堂教学平台为基础，完成包括混合式学习问卷调查、网络远程实验影响因素分析、"个性化知识的自主建构"平台集成及其安全策略、"创造性知识的生成"系统构建理论等基础研究工作。

(2) 构建全新的通信网络控制模型，自主补偿网络时延、丢包、乱序对远程实验、创新实践的影响，实现线上、线下课程一体化同步。该部分的主要研究内容如下。

① 研究互联网环境下网络通信调度方法：分析远程实验、创新实践的通信环境和影响时延的关键因素，构建稳定判据模型，提出通信调度策略，设计通信调度算法；

② 研究网络时延、丢包、乱序产生机理及其补偿方法。分析实验、创新实践环境下产生网络时延、丢包、乱序的机理；建立网络时延、丢包、乱序自主补偿模型，并设计对应的算法。

(3) "新型混合式学习"环境的"个性化知识的自主建构"平台集成及其信息安全管理策略研究。

① 采用基于浏览器的程序级实验、创新实践策略，实现实验、创新实践的编辑、编译及调试的程序级运行环境，及其与自主补偿时延模型、理论学习资源等的集成，完成底层、深度、开放的"个性化知识的自主建构"的平台集成；同时设计一套可实现用户安全登录、黑客及病毒攻击预防等功能的平台配套信息管理系统。

② 构建单播和多播实验、创新实践业务疏导算法及故障保护模型。针对网络通信的随机时延，设计基于历史信息学习的单播多播疏导算法，构建客户端与实验设备间的随机故障保护模型，研究实验数据多播传输的保护机制。

(4) "新型混合式学习"的"创造性知识的生成"系统构建及所生成知识的表示与呈现。

① 构建"创造性知识的生成"系统，设计配套的教学方法、教学手段和学习方法。

② 研究所生成创造性知识的表示与呈现方式，设计适应该教学模式的实验设备、学习资源服务器及教学实验、创新实践场景。

(5) 平台建设、案例验证与评价的具体实施：构建一套"新型混合式学习"环境教学验证平台，完成该混合式学习环境的应用及教学效果验证。

1.4　本书结构

全书共 7 章，具体内容如下。

第 1 章介绍了线上线下混合式人才培养平台的背景和意义，分析了国内外研究现状，并对线上线下混合式人才培养平台的研究内容作了简单的介绍。

第 2 章对线上线下混合式人才培养平台的可行性进行了简要分析，提出了线上线下混合式人才培养平台应具有的基本功能，并对其进行了简要的需求分析与描述，最后对本平台所用到的几个关键技术、框架进行了简要介绍。

第 3 章对线上线下混合式人才培养平台进行总体设计。首先提出了平台需要解决的主要问题，在明确解决方案的基础上确定整个平台结构，从用户层、服务层以及实验设备层三个部分，分别介绍了本平台的软、硬件的设计思路与流程。

第 4 章对线上线下混合式人才培养平台的控制策略进行分析，以实现远程实验与本地实验"同效"的目标。依次使用基于 Smith 预估控制方法、具有自抗扰能力的改进型 Smith 预估控制方法以及新型 Smith 预估控制方法，通过仿真和实际实验对每种方法进行了验证。

第 5 章介绍了线上线下混合式人才培养平台的实际应用情况。以平台中的飞行器模拟实验和机器人控制实验为例，列出了该平台理论学习、虚拟仿真实验和实物实验的操作步骤，将前面章节的研究结果运用到实际之中。

第 6 章针对国产工业机器人操作维护、安装调试、系统集成等对于应用人才的需求和职业教育领域缺乏工业机器人教学资源的现实问题，瞄准机器人产业"十三五"规划及国务院对工业机器人技术的要求，构建了一种应用于工业机器人职业培训和工程教育的混合式机器人教学系统。

第 7 章对所做工作进行了简单的总结，然后指出了目前线上线下混合式人才培养平台存在的不足以及未来需要研究的方向。

图 1-7 详细呈现了本书各章节之间的紧密关联和相互关系，清晰地展示了每个章节在整体结构中的位置，强调了它们之间的有机连接，有助于读者更好地理解和把握全书的逻辑脉络。

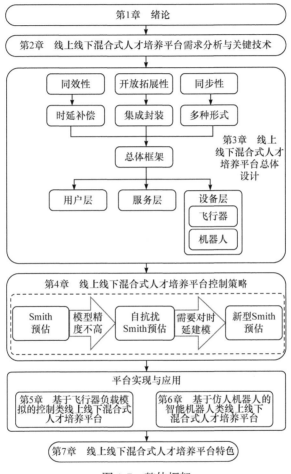

图 1-7 整体框架

第 2 章　线上线下混合式人才培养平台需求分析与关键技术

为了实现理论、实验、创新实践一体化的目标，本线上线下混合式人才培养平台在保留课题组现有教学实验平台优势的前提下，进一步扩展平台的创新功能，使其成为集同效性、同步性、开放性、扩展性于一体的新式教学实验平台。

本章节主要基于现有的应用分析与技术基础，结合自身相关的开发经验，对线上线下混合式人才培养平台的设计与实现进行可行性分析；同时以同效性、同步性、开放性、扩展性为目标，针对平台所要实现的各项功能进行需求分析；最后对平台设计中所用到的关键技术进行简要说明。

2.1　线上线下混合式人才培养平台可行性分析

(1) 应用可行性：随着计算机技术和通信网络的快速发展，互联网以及相关技术已经渗透到人们生活的方方面面，基于互联网的相关应用和产品极大地改变了人们的生活、学习和工作方式，"互联网+"的新型理念已经被越来越多的传统行业所接受[24]。而教学实验、教育资源与互联网技术的深入结合，将是传统教育行业发展的一大趋势，会弥补传统教学实验方式的不足，使其突破空间、时间上的限制，为广大学生、教师等群体提供更加开放、灵活的教学实验模式[25]。

(2) 技术可行性：自互联网出现以来，Web 应用一直是基于互联网相关服务与产品的重要实现形式。近年来，随着 Web 应用技术的更新换代，基于 Web 应用的各项产品在内在功能、表现形式、用户体验以及开发维护等方面都有了跨越式的发展[26]。Web 架构不断升级让 Web 应用能够实现更加丰富多样的功能，各种前端框架、UI 组件库的出现让 Web 应用更加美观且实用，各类 Web 安全技术让 Web 应用更加安全可靠，各种高并发、多任务的处理方式也让 Web 应用具有更好的性能[27]。

基于 Web 技术开发线上线下混合式人才培养平台，可以方便地使用 TCP/IP 协议完成 Web 服务器与实验平台的网络通信，结合目前成熟的服务器技术以及数据库技术，能够极大地丰富线上线下混合式人才培养平台的功能，同时可以提高平台的安全性、稳定性，相关 Web 框架的使用则可以简化平台的设计流程[28]，降低程序设计难度，提高开发效率。

2.2　平台基本业务分析

通过分析现有相关平台的功能、特点和不足之处，然后在此基础上要实现同效性、同步性、开放性、扩展性四大特性，本线上线下混合式人才培养平台应具备以下基本功能。

(1) 为实现平台的同效性，即达到远程网络实验与本地现场实验效果相同、虚拟仿真实验与真实设备试验效果相同的目的，平台应具有：①实验设备的远程控制；②实验数据的实时采集与存储；③Web 浏览器虚拟仿真功能；④网络时延补偿处理功能四个基本功能。

(2) 为实现平台的同步性，即将不同形式、不同类型的实验现象和实验数据进行集成，增强实验平台的真实性、客观性，平台应具有：①实验数据的 Web 显示；②实验图表的 Web 显示；③实验设备远程监控；④3D 虚拟模型显示四个基本功能。

(3) 为实现平台的开放性，使本平台能够服务更多数量、更多类型的用户，提高平台的功能丰富性与实用性，平台应具有：①用户注册；②用户登录；③用户分类；④教学资源共享等功能。

(4) 为实现平台的扩展性，增强平台的虚拟实验和远程实验的自主、创新性，更好地服务教学实验的创新实践环节，平台应具有：①在线编程功能；②虚拟仿真实验扩展功能；③远程实物实验扩展功能等。

通过总结以上功能，并依据人才培养平台的基本组成，即浏览器、服务器、实验设备三个部分进行相应的功能划分，各部分基础业务如图 2-1～图 2-3 所示。

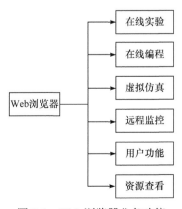

图 2-1　Web 浏览器业务功能

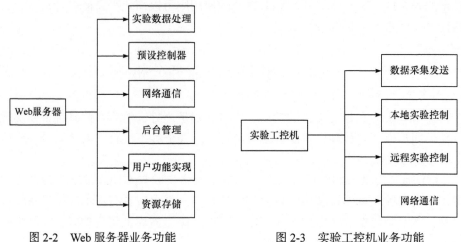

图 2-2　Web 服务器业务功能　　　　　图 2-3　实验工控机业务功能

2.3　平台功能需求分析

2.3.1　数据发送和采集功能

　　线上线下混合式人才培养平台的数据采集主要通过以太网和 RS485 串口总线来完成，其中以太网通信协议采用 TCP/IP 协议，主要功能如下。

　　(1) 建立 Web 服务器与实验设备工控机的网络连接，保持并维护该数据链路连接状态。

　　(2) 按照规定的数据通信格式，将控制信息进行编码、打包并发送给实验工控机，同时接收来自工控机的反馈信息并进行解析，获得现场数据。

　　此需求需要考虑以下特殊事件。

　　(1) 实时监测 Web 服务器与实验工控机的连接状态，如果在实验过程中连接意外断开，应及时通知用户并等待用户下一步操作。

　　(2) 对数据的有效性进行检查，如果接收的数据未按照指定的通信格式编码，或者由于其他因素影响使原始数据改变，则丢弃该组数据。

　　在 Web 服务器与浏览器页面之间，要实现实验数据与控制信息的双向传输，使用户输入的目标数据能够上传到服务器，服务器接收到的实验数据也能返回浏览器页面，并能够显示数据曲线。

2.3.2　实验设备远程监控功能

　　一般的远程实验平台往往没有远程监控功能，在远程实验的时候只能看到实验的具体数据或者图表，无法直观地观察设备的运行状态，从而造成一种远程实验与现场试验的割裂感。一方面不利于客观、全面地观察试验现象，采集实验数据；另一方面也会降低学生实验的兴趣，毕竟枯燥的数字远不如真实的现象能够让人产生兴趣。

针对传统实验平台的不足，本线上线下混合式人才培养平台不仅要在 Web 页面实时显示实验设备的反馈数据与曲线，而且要能够显示真实实验设备的当前运行状态，画面与数据在同一界面上同步展示。这样不仅有利于验证实验数据的真实、有效性，而且能够为用户带来真实的实验环境，在实验现象、实验数据、实验环境等三个方面实现"同效"。

2.3.3　用户相关功能

作为一个开放式理论、实践、创新一体化的教学实验平台，该平台的服务用户将是十分多样的。针对两类主要目标用户群体——教师群体和学生群体，线上线下混合式人才培养平台应该实现与用户相关的功能，用来更好地为不同类型的群体提供更加方便、合理的功能服务。

例如，最基本的用户注册与登录功能，应该能够为每位用户存储单独的配置信息，并将相关的用户信息存储在数据库中，方便开发个性化功能。用户分类功能，可以按照用户的注册身份不同赋予不同权限：一般用户可以进行虚拟仿真实验、通用类课程学习等基础功能；注册学生用户可以进一步开放在线实验、在线编程、专业课程的学习等功能；注册教师则可在此基础上能够进行教学资源上传修改、课程评价等功能。实验排队功能可以解决实验设备不足以及设备利用率低的问题。未来基于用户功能还可以扩展如历史实验数据、课程作业分发与评价、课程进度查看、实验报告上传与评分等一系列功能。

2.3.4　Web 浏览器虚拟仿真功能

虚拟仿真功能是线上线下混合式人才培养平台的一大特色功能。在现实中，某些实验可能受其自身特点或者实际因素影响，不能方便地进行实物实验，此时虚拟仿真实验则是一个较好的方式。

以飞行器姿态负载模拟实验为例，飞控系统控制性能及动力系统带载性能是影响飞行器安全、可靠飞行的关键因素，其性能的验证和考核必须依赖空气动力加载系统，该加载系统与飞控系统集成，是一种非常典型且综合的控制类实验与创新实践教学项目[29]。该加载系统一般采用虚拟仿真负载模拟、半物理负载模拟和试飞三种方式。但试飞占用空间大、风险高、修正性差；采用铁鸟台半物理负载模拟，则体积大、成本高、真实性差。因此，虚拟仿真负载模拟方式则是一种较好的选择。

本平台虚拟仿真功能应该以实际实验设备参数为原型，通过对真实的实验设备进行数学建模，然后将其嵌入到 Web 浏览器中，外观表现上可以以 3D 动画的形式，将实际数学模型+虚拟外观模型展示出来。实验时，先进行虚拟仿真，后进行实物实验，虚实结合，则可以达到更好的实验效果。

2.3.5 在线编程功能

在线编程功能是本线上线下混合式人才培养平台的又一特色功能。常规的教学实验平台在进行实际实验或者仿真实验时，一般都是给定的线性实验流程，学生能按照此流程一步步操作，能够自主更改的仅仅是有限的参数等，这样的实验形式并不能很好地培养学生的实践动手能力，也不利于后续的实验创新。

为弥补常规教学实验平台的不足，本教学实验平台应该具有在线编程功能。在固定实验基本款框架的基础上，开放学生自主编程的功能，通过告知学生实验数据的特定格式以及相关程序的接口，用户可以自行编写程序来实现不同的控制器、控制参数，用于进行虚拟仿真实验和真实设备实验，进一步提高实验的灵活性与扩展性。

以经典控制实验为例，可以供学生自主编程的条件包括：控制对象反馈量、控制器接口程序、控制量标准格式。有了这三个条件，学生便可以自行编程设计多样化的控制器对被控对象进行控制。此功能能够极大地提高本教学实验平台的开放性。

2.3.6 教学资源共享

作为线上线下混合式人才培养平台，配套教学资源的自主上传与展示是必不可少的功能。应在服务器存储相关教育教学资源以实现资源共享，同时还支持教学资源的自主上传、修改等功能，以应对不同学科、不同专业的不同教学资源，提高本平台的资源丰富性和自主性。

基于此，用户可以通过本平台，实现在线学习、在线实验、在线创新与拓展三个学习环节，从而达到通过实验凝练理论，通过理论指导实验，通过实验启发创新实践，通过创新实践提高理论水平，实现三者相辅相成的效果，最大化线上线下混合式人才培养平台的作用。

2.4 关键开发环境

2.4.1 B/S 模式

B/S(Browser/Server)模式，也称浏览器和服务器模式，它是一种以 Web 技术为基础的新型网络管理信息系统平台模式[30]。它将传统两层 C/S(客户/服务器)结构中的服务器分解为 Web 服务器和数据服务器，从而构成一个三层结构的客户服务器体系。在这种结构下，极少的事务逻辑被放在浏览器端实现，而主要事务逻辑都在服务器端实现。用户通过浏览器向分散在网络中的各个服务器发送请求，极大程度上简化了客户端电脑载荷，减轻了系统维护与升级的成本和工作量[31]。图 2-4 所示为典型 B/S 系统结构图。

数据库
客户端
(Browser)
中间服务器
Web服务器
数据库
客户端
数据库驱动
Web应用

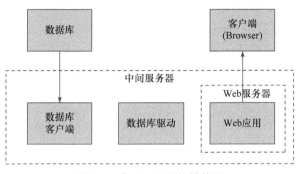

图 2-4　典型 B/S 系统结构图

2.4.2　TCP/IP 协议

TCP/IP 协议体系结构如图 2-5 所示，它是由一系列协议组成的协议簇，本身是指传输控制协议(TCP)和互联网络协议(IP)两个协议集：TCP/IP 协议的基本传输单位是数据包(Datagram)，把数据分成若干个数据包，并给每个数据包加上包头，包头上有相应编号，以保证在数据接收端能将数据还原为原来正确的格式，如果传输过程中出现数据丢失、失真等情况，TCP 协议会自动要求数据重传[32]；IP 协议在每个包头上再加上接收端主机地址，这样数据就可以找到自己要去的地方。

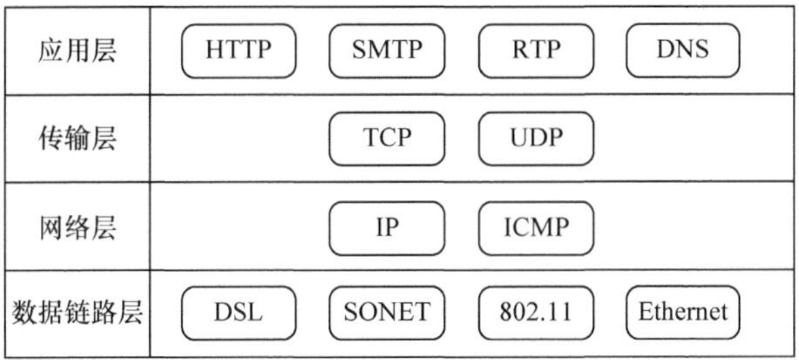

应用层
HTTP
SMTP
RTP
DNS
传输层
TCP
UDP
网络层
IP
ICMP
数据链路层
DSL
SONET
802.11
Ethernet

图 2-5　TCP/IP 协议体系

2.4.3　SpringBoot 框架

线上线下混合式人才培养平台服务器端应用基于 SpringBoot 框架进行开发。SpringBoot 是由 Pivotal 团队在 2013 年研发，2014 年 4 月发布第一个版本的全新开源的轻量级 Java 应用框架。它基于 Spring4.0 设计，不仅继承了 Spring 框架原有的优秀特性，而且还通过简化配置来进一步简化了 Spring 应用的整个搭建和开发过程。另外 SpringBoot 通过集成大量的框架使得依赖包的版本冲突、引用的不稳定性等问题得到了很好的解决[33]。SpringBoot 具备以下特征。

(1) 可以创建独立的 Spring 应用程序，并且基于其 Maven 或 Gradle 插件，可以创建可执行的 JARs 和 WARs；

(2) 内嵌 Tomcat 或 Jetty 等 Servlet 容器；

(3) 提供自动配置的"starter"项目对象模型(POMS)以简化 Maven 配置；

(4) 尽可能自动配置 Spring 容器；

(5) 提供准备好的特性，如指标、健康检查和外部化配置；

(6) 绝对没有代码生成，不需要 XML 配置。

2.4.4　Vue 框架

线上线下混合式人才培养平台前端应用基于 Vue 框架进行开发。Vue.js 是一套构建用户界面的渐进式框架。与其他重量级框架不同的是，Vue 采用自底向上增量开发的设计。Vue 的核心库只关注视图层，并且非常容易学习，非常容易与其他库或已有项目整合[34]。另外，Vue 完全有能力驱动采用单文件组件和 Vue 生态系统支持的库开发的复杂单页应用。

Vue.js 的目标是通过尽可能简单的 API 实现响应的数据绑定和组合的视图组件，其组件功能非常适合于线上线下混合式人才培养平台实验扩展性的开发。相比于其他前端框架，Vue 框架具有以下三个特点。

(1) 易用。在有 HTML、CSS、JavaScript 的基础上，便可以进行应用开发，快速上手。

(2) 灵活。Vue 简单小巧的核心以及渐进式的技术栈，足以应付任何规模的应用。

(3) 性能。仅有 20kb 的 min+gzip 运行大小，而且具有超快的虚拟 DOM 以及省心的优化。

2.5　关　键　技　术

关键技术包括：

(1) 提高系统通信效率和稳定性的方法：首先，学生与实验平台通信的理论建模；其次，解决学生实验请求量增大而造成网络阻塞或通信链路中断等一系列问题。

问题分析：针对实际教学实验过程中，存在的由于学生人数与平台数目的不等，而造成多个学生同时向实验平台网络数据通信时，指令被平台拒绝的网络阻塞问题。

具体技术方法：①单播及多播业务指令疏导关键技术。针对实验教学资源相对不足问题，建立了学生与教学平台的通信系统的复用模型，在中心控制器存储一定时间内的所有学生业务指令和实验设备的使用情况信息库，通过分析学习平台中实验设备的历史使用记录，构建了通信链路权重动态调整方案。②多播通信链路保护关键技术。通过研究学生和老师与平台通信过程中可能出现的随机故障，建立了多播通信链路的随机故障动态保护模型，对教师教学及学生实验过程中的多播通信链路提供备选路径，在通信链路出现故障时，实现主链路与备选链路间的随时切换，在对通信端操作指令动态疏导的同时也实现了业务指令的保护，解决了教学平台的整体稳定性问题。③通信链路模式选择及其影响因素研究。提出一种优化的多播树状通信链路建立机制；分析了通信网络中各网络因素对业务指令多播疏导结果的影响。上述三个方面研究，解决了学生与教学平台间的稳定通信及通信过程的保护问题，为实现教师和学生与教学平台间稳定的通信提供保障。

(2) 网络远程实验与实验室本地实验同效算法：首先，构建多层自主网络时延消除模型；其次，实现学生在远程浏览器上编程实验、创新实践与实验室本地实验、创新实践相同效果。

问题分析：无论是"真实实验设备"实验，还是"基于模型的仿真"实验，都具有纯化条件、强化条件和可重复性条件，实验必须满足这三种"条件"。基于浏览器的编制程序实验控制器由学生完成，在学生群维的客户端计算机上运行时，将不可避免地引入网络通信。因此，网络延时、丢包、乱序等现象，将破坏实验三种"条件"，影响实验过程和结果，甚至导致实验失效。该问题的特殊性在于：由于实验、创新实践留给学生，因此，平台只消除网络通信对实验、创新实践的影响，且不能破坏实验"条件"。这是网络控制研究领域的前沿问题。

具体技术方法：提出了多层自主网络时延处理方法。针对网络远程环境下实验必须与实验室本地实验同效这一难题，提出了多层自主网络时延处理方法，构建了从信息传输调度、网络资源调度到网络监测控制模型的全闭环网络层与控制层分离控制模型，形成了基于大系统理论的自主网络延时、丢包、错序处理机制，解决了因网络的引入而影响实验原理、性能、结果等造成实验失效问题，实现了远程实验与本地实验同效。该技术可以应用在多个网络控制领域。具体包括：①针对目前的网络控制系统研究中多数学者侧重于研究网络诱导因素单一存在情况下对网络控制系统进行建模的不足，以控制理论和通信技术为依据用分层的方法，考虑网络引入后的诱导因素，建立了网络控制系统模型；②提出了时延和控制输入的在线预估方法；③针对存在任意变化时延、丢包及错序的网络控制系统，采用控制层与网络层分离的设计理念，基于预测控制提出了网络时延和丢包的补偿策略，在网络控制系统中加入了状态估计模块、预测控制模块和通道补偿模块，有效地抵消了网络诱导因素对控制系统的不利影响；④通过对网络控制系统结构剖析和网络控制系统信息传输特点的分析，将时变离散系统转化为切换律有限的离散切换系统；⑤研究了具有网络诱导时延和碉堡网络控制系统跟踪问题，建立了包含跟踪误差的增广系统，用系统稳定性分析方法研究网络控制系统跟踪问题。

(3) 提出自主网络时延处理算法与嵌入式网络编程环境有机集成方法，构建集成环境，实现了基于浏览器的编制程序的实验、创新实践环境。

问题分析：学生在浏览器上编制程序进行实验、创新实践的编译器与常规编译器不同，学生群维的客户端计算机上通过浏览器进行的实验编译器不仅要具有学生程序的编辑、查错、编译、运行、监测功能，而且要实现与消除网络时延、丢包、乱序对实验影响的平台有机集成。该问题是远程实验研究的前沿问题。

具体技术方法：提出了网络时延、丢包、乱序处理算法与编译环境有机集成方法，构建了二者有机集成的体系架构，形成了学生实验编辑、编译、运行、控制的程序实验、创新实践环境，解决了学生本地客户端设备与远程实验设备组成本人专有和实验设备多人共享这一矛盾问题，取得了学生从入学到毕业随时随地进行实验的全程个性化人才培养效果。

(4) 提出理论、实验、创新实践教学环节有机集成方法，构建了传统课堂和慕课集成模型，实现了实验、创新实践辅助理论理解，理论指导实验、创新实践的一体化同步混合式学习模式。

问题分析：上述(1)、(2)、(3)是基于浏览器的实验问题的基础性、关键性、核心性问题。这三个问题的解决为现有混合式学习模式中集成实验、创新实践学习环节提供了必要条件，但如图 1-1 所示，①在高校教师传统授课模式下，实验、创新实践如何与理论有机同步融合？②在慕课模式下，实验、创新实践如何与理论有机同步融合？③在混合式学习模式下，①和②又如何整合？这些问题是作者所在教学团队在平台开发过程中需要解决的主要技术问题。

具体技术方法：以现代教学思维方式为牵引，现代教学理论和方法为指导，现代网络测控技术为依托、经典教材为理论教学基础、科研前沿成果为实验与实践设备支撑，提出理论和实验、创新实践三个教学环节有机集成方法，构建三个教学环节一体化同步创新型人才培养平台，解决了慕课没有实验环节问题，取得了：①团结的力量，倍增的人才培养效果；②"理论+真实物理实验>>理论+仿真+录制实验视频"学生培养效果。

(5) 提出基于浏览器编程完成实验、创新实践的标准化实验与创新实践设备构建方法，构建了 50 多种具有(1)~(4)功能的实验设备，实现了大型、综合设备对广大学生的开放、共享。

问题分析：现有大型、数量少、贵重的设备基本没有向广大学生开放，主要原因设备既封闭又没有防损坏的封装、隔离方法，导致设备共享性差、易损坏、利用效率低。

具体技术方法：①提出了设备群本体的封装、隔离处理方法，构建了通用的标准化中间转接件结构，解决了从小型设备到大型、贵重、数量少的综合类设备的底层、开放高效利用率，实现了设备编制程序进行实验、创新实践的开放化有机统一。②设计了满足课群实验、创新实践设备群，通过合理调度，能够满足同一时间段 50 名老师或 500 名学生准同时进行理论、实验、创新实践一体化同步教学或自主学习，包括：(a)5 台动态可重构综合实验台；(b)10 台双臂双目语音智能移动机器人(机器人上有 35 个自由度，在本体上安装全方位激光雷达、体感传感器、GPS 模块、双目摄像机、人形手指、语音模块等协作)；(c)20 台智能小车(具有多种传感器)；(d)20 台平衡类设备：无人驾驶自行车、一阶倒立摆、平衡球、平衡车；(e)5 套液压管路试验台。③构建了具有理论、实验、创新实践一体化同步混合式学习功能的细胞和亚细胞级分辨率系统成像设备。④所构建的实验设备群既能在实验室本地实验，又能进行远程实验。通过合理调度，在本地，每台设备同时段 10 个学生做实验；在远程，同时段多人同时实验。

2.6　本　章　小　结

本章从应用和技术两个方面，对线上线下混合式人才培养平台的可行性进行了分析，进一步提出了本平台应具有的基本功能，随后分别对各个基本功能进行了简要的需求分析与功能描述，为后面平台的设计与实现提供了指导。最后对本平台所涉及的一些关键技术，包括 B/S 模式、TCP/IP 协议、SpringBoot 框架以及 Vue 框架进行了简要介绍。

第 3 章 线上线下混合式人才培养平台总体设计

3.1 线上线下混合式人才培养平台拟解决的关键问题

针对现有的混合式学习模式中存在的理论、实验及创新实践三个环节时空分离的问题，需要以"理论、实验及创新实践一体化同步混合学习"为目的，开发一套集同效性、同步性、开放性、扩展性四大特性于一体的新式教学实验平台。为此，本平台设计过程中需要解决以下三个关键的问题。

(1) 通信网络时延造成的远程线上实验与本地线下实验结果不同效问题。

由于本平台中连接学生终端、实验设备终端及服务器终端的互联网络是一个非平稳随机时延系统，其中产生的时延、丢包、乱序等因素将破坏实验条件，影响实验过程和结果，甚至可能导致实验失效问题。如何解决通信网络引入的随机时延是实现理论、实验、创新实践同步一体化的关键。

(2) "理论、实验及创新实践同步一体化"平台的功能集成及其信息安全问题。

从上一章的需求分析可以看到，本平台需要实现的功能数量较多，而且要对用户端、服务器和实验设备三部分进行综合，因此，确定合适的平台结构与各个部分的软件架构，对平台功能进行集成的同时保持良好的扩展性，并解决集成过程中的信息安全问题是平台设计的重要问题。

(3) "新型混合式学习"环境下信息的表示与呈现问题。

线上线下混合式人才培养平台在集成了众多功能的基础上，所要展示和呈现的教学资源相关信息和远程实验相关信息也是非常复杂的。因此，选取合适的信息表示与呈现方式，实现操作交互、寻径交互、意会交互和创新交互，提高影响混合式学习的社会临场感、教学临场感及认知临场感，从而提高高校教学效率，是"新型混合式学习"环境构建的核心内容[35]。

3.2 解决方案与技术路线

1) "同效性"解决方案，解决远程网络时延误差造成的在线实验不同效问题

如图 3-1 所示，"在线实验程序"模块(C(s))和"时延补偿模型"组成学生群维运行的实验、实践环境。在前向通道，"在线实验程序"模块输出信息序列分成两路，一路送给"时延补偿模型"模块，另一路通过网络进入 Q1 缓冲区内，

然后经过"设备安全监测与控制"模块后的信息序列(二)发送给"设备"。实现信息序列(一)和(二)完全相同，只是(二)序列滞后(一)序列前向通道最大时延。在反馈通道，"时延补偿模型"响应序列反馈给"在线实验程序"模块，"设备"真实的响应信息序列经过网络，然后进入 Q2 缓冲区内，实现信息序列(三)和(四)完全相同，只是(四)序列滞后(三)序列反馈通道最大时延。信息序列通过 Q2 缓冲区后分为两路，一路送给学习者浏览器呈现模块，将通过曲线的信息序列表示形式显示给学生，另一路送给目标输入做差作为闭环系统的输入。

实验设备的反馈信息，即 Q2 缓冲区内的信息在显示到浏览器界面的时候，选取第一个有效数据作为系统响应的初始时刻，从而解决双向网络时延以及双缓冲区所带来的系统响应滞后的问题，老师或学生浏览器界面上看到的是不含网络时延的，并且是从初始时刻立即响应的真实实验设备运行结果，这是达到远程实验与本地实验"同效"的最佳表现形式。

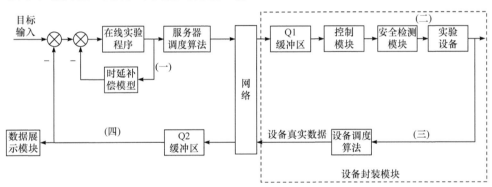

图 3-1　时延补偿技术路线

该方案作为时延补偿的初步方案，更加详细且深入的时延处理方案于第 4 章进行研究。

2)"开放性""扩展性"解决方案，解决平台集成问题及其信息安全问题

本平台拟采用 C、Java 等最开放、最通用的计算机编程语言，作为学生实验、创新实践学习的基本语言，从而既能实现对设备进行最底层、深度、完全开放的实验与创新实践操作，还能够满足大多数学习者的操作简易性。同时结合浏览器用于检索并展示万维网信息资源的应用程序，采用 B/S 模式完成学生群维、教师群维、服务器群维及实验设备群维间的信息交互[36]。实验、创新实践学习过程中，将所有混合式学习模式的理论、实验、创新实践教学资源通过服务器群集成，学习者统一通过浏览器进行访问学习，并用 C、Java 等语言进行实验、创新实践学习。

该"新型混合式学习"环境的具体集成结构如图 3-2 所示。具体流程如下。

(1) 实验、创新实践环境构建。"语言编辑器模块""查错监控模块""编

译模块"、"实验、创新实践程序执行模块"、"设备模型"等集成底层、深度、开放实验、创新实践环境。该环境由三级闭环组成，一级为实验、创新实践运行环境，即设备模型→入口参数模块→实验、创新实践程序执行模块→出口参数模块→设备模型；二级为实验、创新实践编程环境，即设备模型→入口参数模块→语言编辑器模块→出口参数模块→设备模型；三级为编辑检查环境，即语言编辑器模块→查错监控模块→语言编辑器模块。

(2) "个性化知识的自主构建"平台集成。将图 3-1 中的网络时延补偿模型与①中的"实验、创新实践环境"、课件、教学视频、讨论及其他多媒体理论学习资源的集成，具体集成结构示意图如图 3-2 所示。

同时采用三级安全策略保障学习环境的安全性，一级安全为"语言编辑器模块"→查错监控模块→语言编辑器模块的反复测试，保证学生编写程序的正确性；二级安全为将基于浏览器的程序策略的实验、创新实践环境集成封装，保证实验、创新实践环境的可靠性；三级安全为采用组态软件封装技术将实验、创新实践设备完全封装，保证设备群维的可靠运行[37]。

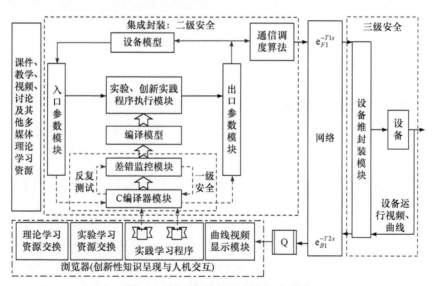

图 3-2　平台集成与安全性技术路线

3) "同步性"解决方案，解决"新型混合式学习"环境下信息的表示与呈现问题

根据不同教学实验信息特征的不同，采取不同的表现形式：对于教学资源类信息，采取资源分类组合的方式，将课程录像、教材、课件、作业等资源按照不同课程、不同章节进行分类，在课程详细页面进行集中展示，方便用户进行不同资源的学习；对于实验类信息，包括虚拟仿真实验信息和远程实物实验信息，则

采用实验数据数值、历史曲线、现场视频、三维动画等多种形式进行表示，并在浏览器上以菜单切换模式和同屏显示方式呈现给用户，在全面、客观、真实地展现实验数据与设备信息的同时，加强用户与实验平台、实验设备的互动性，为用户提供"身临其境"的实验效果并加深对实验数据、结果的认识与理解。示意图如图 3-3 所示。

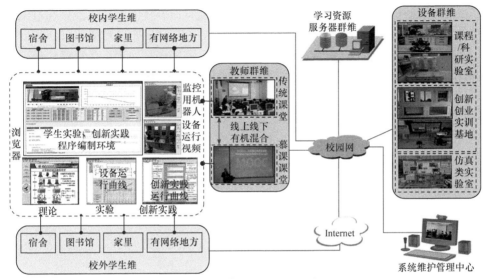

图 3-3　平台信息展示方式示意图

3.3　平台总体框架

线上线下混合式人才培养平台是面向互联网的在线学习、在线实验平台，平台的数据通信包含了广域网通信、局域网通信，以及实验设备的串口通信。

整个平台采用的是分层结构，主要包括用户层(浏览器)、服务层(服务器)和设备层(实验设备)三个层级，各层级的主要功能和平台的总体结构如图 3-4 所示。

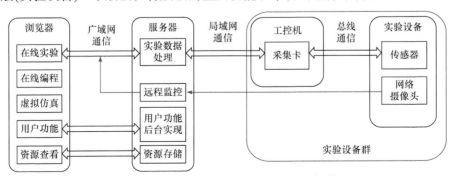

图 3-4　线上线下混合式人才培养平台总体结构

3.4　用户层总体设计

用户层是线上线下混合式人才培养平台的客户端部分，以浏览器为载体面向用户。所设计的线上线下混合式人才培养平台基于 B/S 模式开发，因此只需要一台连接网络的计算机，打开浏览器输入网址，就可以在任意时间、地点通过浏览器来使用该实验平台。根据身份的不同(学生、教师、管理员)注册账号，然后输入账号和密码登录教学实验平台。在该平台中，不同角色对平台的操作权限也不相同。针对实际的需求与目标，该层的具体功能设计如图 3-5 所示。

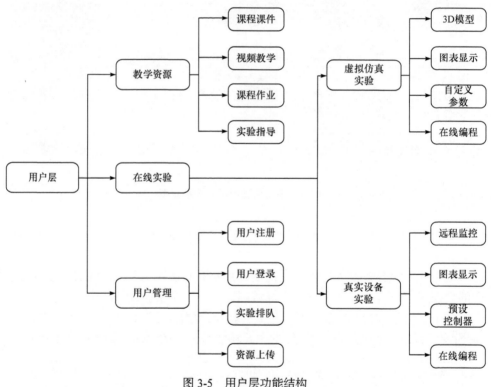

图 3-5　用户层功能结构

用户层作为线上线下混合式人才培养平台的前端界面层，基于 Vue 框架进行开发。此部分主要有两个问题需要考虑，一是平台的集成性，二是平台的扩展性。

从图 3-5 可以看到，用户层所需要实现的功能较为复杂，一方面是所有的功能都要集中在浏览器界面进行展示，另一方面则是包括教学资源、虚拟仿真实验、真实设备实验在内的所有下属功能，都需要根据实际情况进行方便、快捷的扩展，如教学资源的更新、远程实验项目的增加、虚拟仿真实验的扩展等。如果不采取合适的用户层架构，就会出现系统功能杂乱无章、项目文件层层堆叠、编程代码重复性高、可读性差等问题，不仅会提高程序开发的难度，降低开发效率，而且非常不利于平台后期的功能扩展与日常维护。

为了避免出现上述问题，程序开发前首先要选定合适的技术和架构。为了解决功能复杂、结构混乱、代码利用率低的问题，线上线下混合式人才培养平台用户层基于 Vue 框架，大量使用单文件组件(single-file components)技术，即将所有的细分功能都进行独立的模块化开发，每一个功能对应一个组件，组件之间有明确的层级划分，上级功能对应父组件，下属功能对应子组件，所有组件都可以按照指定的方式进行复用和重构[38]，如图 3-6 所示，3D 模型显示组件可以被复用和重构为 3D 飞行器模型显示组件与 3D 机器人模型显示组件。这使得开发过程中可以在理清功能结构的同时，极大地提高代码的利用率，避免大量重复代码，从而提高平台整体的运行效率。

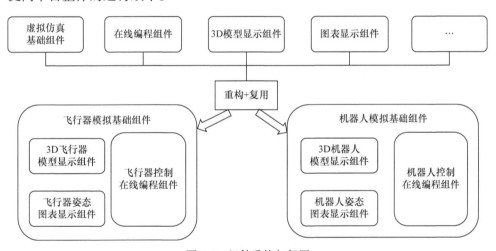

图 3-6　组件重构与复用

为了解决功能的集成问题，同时方便用户在各个功能页面间进行快速切换，线上线下混合式人才培养平台采用了单页应用(single page Web application，SPA)+路由(routes)的方式来实现。利用 Vue.js + Vue Router 创建单页应用，首先添加 Vue Router 路由，然后将每个功能的单文件组件映射到路由，最后在路由内设置需要渲染的位置，便可以实现基础的单页应用功能集成[39]。根据实际情况的不同，还可以使用动态路由、嵌套路由等高级功能进行更加灵活的配置。

3.4.1　教学资源模块设计

教学资源是本教学实验平台的重要组成部分。该部分专门为教师授课和学生学习所设计，提供与课程配套的理论教学内容。教师根据所授学科在平台进行课程的创建，在课程创建完成后，根据教学目标选择相关教学资源添加到课程当中，如课程录像、课件、在线教材和课后作业等。这些公共资源可供教师和学生共同使用。教师作为在线教学过程的组织者和实施者，通过平台实现理论教材的讲解及课后作业的布置等操作。

　　教师通过登录验证进入平台，获得课程的创建、教学资源管理、实验指导、学生成绩评定、问题答疑等权限；学生通过登录验证，获得平台中学习内容的访问权限，平台为学生用户提供了课程学习、资源浏览、远程实验、在线交流等功能。

　　此模块功能由前台相关功能组件和服务器端的数据库、资源库共同完成。如图 3-7 所示，教师可以通过课程添加、修改、删除等组件进行课程信息和资源的相关操作，课程信息会储存在后台数据库中，资源则会存储在资源库中，最后由课程展示组件进行数据库查询、资源调用等将课程进行展示。

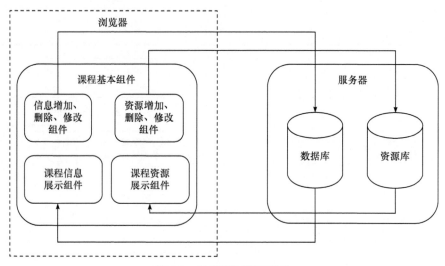

图 3-7　教学资源模块设计

3.4.2　用户管理与实验排队模块设计

　　用户管理模块的主要功能是区分用户的不同身份，然后根据身份提供不同的业务。例如用户如果是学生，则登录后可以查看相关的教学资源进行学习、在线实验等操作，若用户为教师，则还可以进行教学资源的上传与修改、课程作业的设置、实验结果评分等操作。

　　基于用户管理功能所开发的实验排队系统是本平台的一个重要部分。为了解决实验设备资源与实际教学需求的数量不匹配问题，本平台设计了实验排队系统，该系统服务于在线实验模块。设计时的主要思想是：当不同用户在某一时间节点访问有限的实验设备时，系统将按照用户访问的时间节点先后顺序依次插入排队模型中，让实验设备在某一时段内只执行一位用户的操作请求。实验结束后，当前用户将退出实验系统，同时将队列首位用户推入，确保实验有序地进行，使教育资源被最大化利用，从而更好地服务于整个教学平台。

　　每位用户进行在线实验前需要根据其身份不同进行排队。如果是教师，则可以插队优先实验，如果是学生，则排队。进入队列后，每位用户都有等待实验和退出排队等操作，进行实验的时候可以进行退出实验操作。用户端排队算法流程如图 3-8 所示。

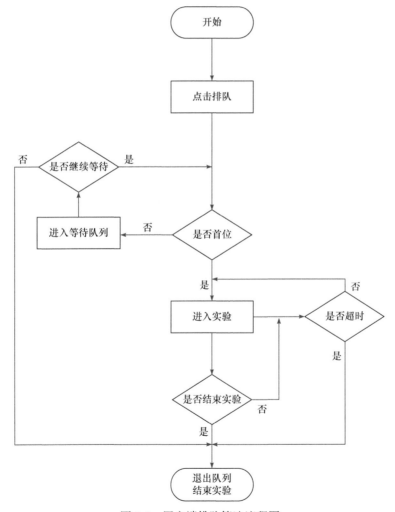

图 3-8　用户端排队算法流程图

此模块的设计初衷是为了解决设备数量不足的问题。实验室一般不会提供与学生数量对等的设备，特别是一些造价昂贵的实验设备。因此，为了使得每个学生能够使用上实验设备，同时不受其他学生的干扰，特在系统中添加了排队模块。模块开发功能如下。

(1) 对于学生而言，保证公平性和开放性，任何学生都可以使用实验设备，而且每位学生的使用时间都是一样的。因为有的实验设备需要很长的实验时间，而有的实验设备实验时间较短，所以需要管理员设定每个实验设备的实验时间。

(2) 为了方便老师上课时可以及时使用实验设备，人才培养平台系统为每个老师提供了插队的功能，也就是老师在申请排队的时候永远排在队列第一位，老师们之间的顺序为先进先出，但是永远在学生的前面。每位用户在队列中有且仅有一个排队的信息，用户无法重复排队。如果在排队过程中有其他的事情，用户可以手动进行退出排队操作。

(3) 实验过程中，鉴于每位用户的水平参差不齐，在实验界面设置了提前退出实验的操作，这样既节约了用户自己的时间，也节约了实验设备的使用时间，也为之后排队的每一位用户节约了时间。

3.4.3　在线实验模块设计

1. 虚拟仿真实验设计

虚拟仿真实验是本平台设计的一个重要内容。通过对真实实验设备进行建模，得到实验设备各种被控对象的模型之后，进行相应的离散、差分，以程序的形式表现出来，然后在网页前端搭建控制仿真环境，将程序形式的被控对象嵌入到仿真环境之中，同时留出控制器函数接口以便用户进行在线编程实验。在实现数值仿真的基础上加入 3D 动画模型，根据数值仿真结果实时控制该模型的状态，给虚拟仿真实验带来更直观的效果展示。

以飞行器负载模拟系统为例，虚拟仿真模型与真实实验设备的关系如图 3-9 所示。

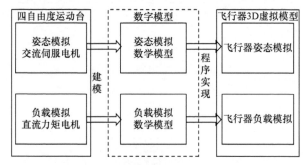

图 3-9　虚拟仿真模型和真实实验设备的关系

虚拟仿真实验功能页面主要包含三个部分，分别是 3D 模型展示、实验图表展示和控制面板，控制面板下又分为预设控制器、自定义参数控制器和在线编程控制器三个部分，用来针对不同学习阶段与学习目的的用户。

本模块设计结构如图 3-10 所示。其中，模拟控制系统功能的是控制组件和模型组件的被控对象真实数学模型。控制过程分为以下两步。

首先，如图 3-10 所示，用户在虚拟仿真界面的固定参数控制组件、可变参数控制组件以及在线编程控制组件中，选择其一进行输入量确定和控制器设计，点击运行按钮之后相应的信息便会发送到浏览器的 JS 运行环境，通过 eval()函数将其转化为可执行程序并运行，通过差分方程计算便可产生本次控制器的控制量序列。

其次，在得到控制组件所产生的控制序列后，通过组件通信的方式把控制序列发送给模型组件的真实数学模型(该模型是以差分方程形式描述的真实实验设备模型)，真实数学模型接收此控制序列并计算出相应的响应序列，如图 3-10 所示。响应序列一部分通过组件通信的方式返回控制组件进行下一轮的控制量计算；另一部分发送到虚拟 3D 模型模块，3D 模型根据响应序列做不同的姿态变换，用 3D 模型状态直观地展示被控对象的响应状态；还有一部分同样以组件通信的方式发送给图表组件的图表数据，该数据用数组的形式存储每一次被控对象所产生的控制序列，然后用折线图、柱状图、饼图等不同的图表形式实时地展示被控对象的响应数值以及响应曲线。

相比于真实设备实验，虚拟仿真实验的优势有以下几点：

(1) 完全基于浏览器前端平台开发，不依赖真实实验设备，即使在实验设备故障情况下，用户只需一台联网终端，即可随时随地完成虚拟仿真实验；

(2) 纯虚拟数值仿真，不受物理条件限制，可以在更广的数值范围内进行学

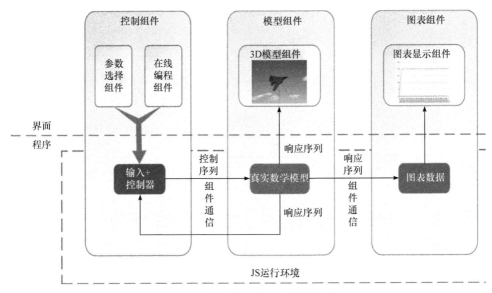

图 3-10 虚拟仿真实验程序结构图

习实验，加深对被控对象、控制器的理解；

(3) 无须排队，多个用户之间可以同时进行实验而不会相互干扰，具有很高的效率；

(4) 进行真实实验之前先进行虚拟仿真实验，在提前熟悉被控对象的同时，避免可能会出现的问题。

2. 真实设备实验设计

类似于虚拟仿真实验设计，真实设备实验模块对设备的控制分为参数控制和自定义控制器两种模式，真实设备实验流程图如图 3-11 所示。

参数控制模式下，用户只需修改实验界面的参数设置(输入信号、目标值、PID 参数等)，通过对后台预置控制器的调用，观察不同控制输入条件对实验对象运行状态的影响。

自定义控制器模式下，用户可以在实验页面用编程语言自行编写控制算法，通过自定义算法对实验对象进行远程控制，根据其运行状态分析验证所编写控制算法的性能。

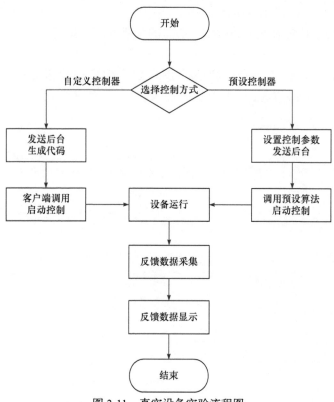

图 3-11　真实设备实验流程图

真实设备试验的控制过程类似于虚拟仿真实验，不同的地方在于控制组件产生的控制序列不再发送到虚拟模型组件，而是通过网络通信发送给实验室的线上线下混合式人才培养平台服务器，服务器接收到控制量后进行相应的格式化处理发送给设备工控机，工控机解码后再通过 RS485 总线传输将控制量发送到真实被控对象，完成控制。真实设备实验结构如图 3-12 所示。

真实被控对象的响应值通过相应的传感器，由设备工控机进行反馈量的采集，采集后进行格式化处理发送给线上线下混合式人才培养平台服务器，服务器根据内置的定时器模块周期性地将反馈量发送给浏览器端，此时反馈量一部分由控制组件的控制器进行处理，用来计算下一拍的控制量，另一部分由图表组件进行采集存储，并以不同的图表形式进行反馈量的展示。

在完成相应课程的实验后，平台将实验设备采集到的反馈数据传回 Web 服务器并以报表的形式生成，用户可以查看实验生成的数据报表，对实验过程加以分析，从而达到优化控制算法的目的。

在线编程是本平台的一大特色与创新，也是该实验平台区别于其他平台的关键所在。对于学生来说，在线编程可以使其自行编写控制算法，更好地发挥他们的创造能力。平台中的在线编程部分放置在了前台页面，学生可以通过在线编写程序的方式进行程序级控制。

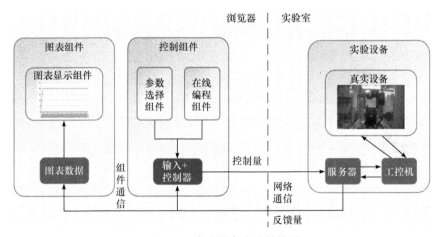

图 3-12 真实设备实验结构图

为了保证系统的安全性，前台页面仅提供了控制量数组和反馈数组供学生去调用，并且在开发文档中明确指出每一位的含义。前台页面的在线编程是根据 JavaScript 的动态性特性及其运行环境的特性进行设计开发，使得学生编写代码的排错功能由后台校验库代为执行。学生编写的不同类型语言的程序，经过后台库的编译与转换生成代码，之后在前台页面进行调用，最终达到控制设备的目的。

在线上线下混合式人才培养平台中，在线编程功能使得控制更加灵活，让学生有更多的方式去对实验室设备进行操作，留给学生极大的自由发挥空间。同时，前台页面不仅可以使用 JavaScript 进行在线编程，而且还可以使用 C 语言或者其他的语言进行在线编程控制，由后台设计的相关模块进行相应的转换功能。

如图 3-13 所示，在线编程模块的流程如下：

(1) 用户在前台进行代码编写，完成后提交代码；

(2) 前台将生成的页面进行回调，返回生成代码后的页面；

(3) 在新生成的页面上进行控制，完成自定义程序的设计。

通过在线编程，用户可以进行自主化的创新实践。从用户角度来说，可以提高学生的探索热情和学习积极性；从实验设备角度来说，可以提高设备利用率，使设备的适用环境更为广泛。

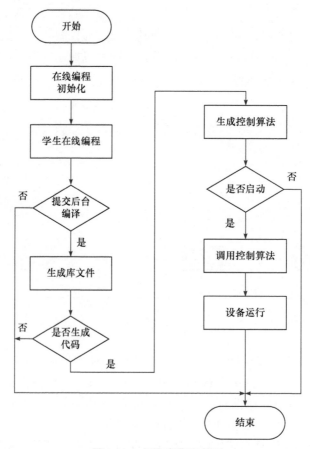

图 3-13 在线编程流程图

3.5　服务层总体设计

服务层，即 Web 服务器，其主要功能包括以下几个方面：与浏览器前台结合，共同完成教学资源、用户管理的功能实现；预设控制器，能够进行常用输入量和控制器的调用与计算；与实验设备工控机进行网络通信，接收发送实验数据并进行处理；完成用户信息以及教学资源的存储功能。

作为线上线下混合式人才培养平台的后台部分，服务层不仅需要实现众多的平台功能，而且真实设备实验也必须由服务器来参与实现。和前端用户层一样，如果不采用相关的开发框架以及合适的系统架构，不仅会极大地提高开发难度，而且也不利于后续平台的维护与功能扩展。因此，如何在实现众多平台功能的同时保持远程实验功能的扩展性也是服务层需要解决的重要问题。

服务层使用 Java 语言进行开发，版本为 Java1.8，主体框架采用的是 springboot 框架，该框架使用特定的方式来进行应用配置，极大地简化 spring 应用的初始搭建和开发进程。开发者无须进行 Web.xml 配置、数据库连接配置、spring 事务配置、注解配置等一系列复杂的配置工作，使开发者专注于业务功能实现，从而提高开发效率[40]。同时该框架内置 Tomcat 容器，无须额外进行 Tomcat 部署与调试，也无须担心版本兼容性问题。

服务层使用 maven 进行项目构建和依赖管理。统一集中的依赖包管理不仅无须再花费大量时间寻找依赖包，而且可以很好地解决不同包之间的兼容性问题；maven 作为开放架构，提供了公共的接口方便开发人员进行功能扩展；对应第三方组件用到的共同的 jar 包，maven 可以自动解决依赖重复与冲突问题[41]。

由于平台的用户管理功能均是较为常见的通用功能，所涉及的数据库操作也没有额外要求，为了简洁起见，数据库方面采用了 JPA+MySQL 的组合来完成与数据库相关的功能。JPA 内置多种基本数据库操作的函数，用户只需定义相关的接口，JPA 便会自动识别并调用函数，完成相关的数据库操作，整个过程十分方便、快捷。

3.5.1　真实设备实验后台实现

真实设备试验的实现是服务层所要实现的最重要的功能，该功能主要是为远程在线实验提供预设参数控制器和可变参数控制器。由于服务器与实验设备在同一局域网内，网络时延相比广域网要小得多，若控制器在服务器内置，则整个控制过程完全在局域网内实现，可以最小化网络时延带来的影响，因此该功能选择在服务器后端实现。

实验项目的扩展是平台设计的重点，为实现平台的扩展性，从设计之初就要确定该功能的结构。

为了在保证功能扩展性的前提下实现代码的可重用性、可维护性，此处采用了抽象类来进行实验管理，采用模块化设计来进行控制循环。

如图 3-14 所示，先使用抽象类定义基本实验模块，使用多态的方式实现每个具体的实验，抽象类中定义了实验的不同输入、控制器等抽象方法，子类通过继承抽象类并实现具体的方法来实现相应的功能。

控制循环由三个基本模块(类)共同完成，分别是实验基本模块、通信模块和定时器模块。通信模块内定义了网络通信，即 TCP/IP 通信的相关方法，包括连接、断开、接受、发送等方法。定时器模块的作用是按指定的时间间隔周期性地进行实验控制量计算、数据发送与接收，包含了启动和停止方法。实际运行中，通信模块和定时器模块以父类引用表示子类对象，通过依赖注入的方式，获取具体实验类的信息，再进行控制循环。

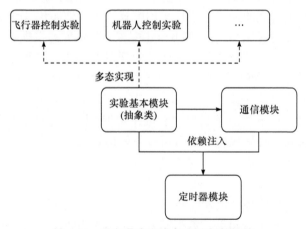

图 3-14　服务层真实设备实验软件结构

抽象类的使用和功能模块化的设计不仅能提高代码的可重用性，极大地减少重复代码的编写，而且能够十分方便地对功能进行维护、扩展，各功能模块专注于特定功能，在进行维护、扩展的时候，只需对此模块进行修改，便能自动应用到全部的实验功能。

3.5.2　服务层排队设计

服务层实验排队模块由定时器和后台业务逻辑组成。定时器部分主要是用来对队列进行更新，以及将排队中的用户推入实验者中。当前用户实验时间结束之后，将其推入一个临时的队列，依次进行后续的实验数据处理。

排队模块的业务逻辑主要与客户端进行配合，共同处理用户排队的业务。在用户进行排队的时候，首先判断用户的身份，然后根据用户的身份不同分别将其插入队列，如果该用户已在队列中，则不进行操作；如果该用户需要退出排队，则将其从队列删除；如果该用户需要退出实验，首先判断其是否为实验者，如果是，则退出实验，同时关闭远程通信。服务层排队算法流程如图 3-15 所示。

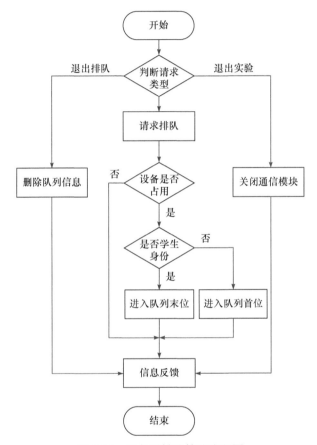

图 3-15　服务层排队算法流程图

3.5.3　网络通信模块设计

通信模块对于网络控制实验平台来说非常重要，没有稳定的远程通信，实验平台的远程控制就没有办法完成。模块开发流程如下。

每一台实验设备与服务器之间通过 Socket 套接字的方式进行数据传递。通信模块首先要保证每一次通信有且只有一个客户端与服务端连通，在出现异常时，服务器能够立即断开通信，使得实验设备不再接收数据。服务器与实验设备需要同时进行数据的接收和发送，所以在线上线下混合式人才培养平台中需要为每一个 Socket 通信提供一个定时器和线程，定时器的目的是周期性地给实验设备发送数据，而线程是在任何时间点都监听实验设备反馈的数值[42]。在进行飞行器负载模拟系统的控制时，首先用户在前台页面提交连接请求，后台相应的建立一个 Socket 连接，连接成功后开始创建某台设备唯一的定时器和唯一的线程，分别进行数据发送与反馈接收，从而使得平台的服务端和实验设备能够进行双向通信。

服务端通信算法流程图如图 3-16 所示，通信模块的流程大体如下。

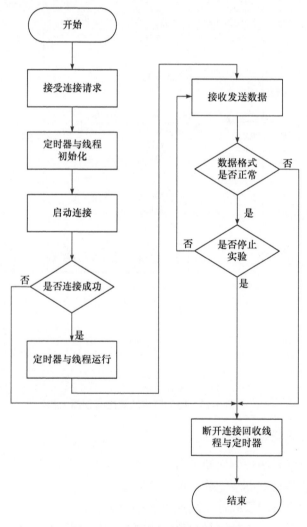

图 3-16　服务端通信算法流程图

(1) 前台启动连接。
(2) 后台创建静态 Socket 客户端，在限定时间内如无连接，则返回异常信息。

(3) 连接创建成功后，同时生成定时器和线程，如果线程在限定时间内无法连接或者收到异常数据，则断开连接，回收线程和定时器，并返回异常信息。

(4) 如果连通的时间超过了实验时间，或者用户手动关闭连接、退出实验，则断开 Socket 连接，并回收线程和定时器。

在模块实际的编写中，为了防止空指针异常，后台程序进行了大量的判断，对于线程和定时器中的异常，也进行了严谨的逻辑编写。在完成通信连接后，就会调用控制算法模块进行控制量计算与发送。

3.6　飞行器模拟设备层总体设计

平台实验设备端采用"工控机+数据板卡"的模式开发，为了更好地处理数据和控制转台，其检测和控制都在与其相连的工业控制计算机上完成，采用 Labwindows/CVI 软件编写。工控机通过本地局域网与 Web 服务器进行双向通信，通过接口卡完成与飞行器负载模拟系统的信号传输，从而实现对飞行器负载模拟系统运行特征数据的采集和控制。编码器的信号通过工控机内部的 PCI 数据采集卡完成采集传输；飞行器负载模拟系统上的各种电机通过配套的驱动器完成供电、使能及故障报警等；驱动器控制信号的输入通过专用脉冲输出卡完成，此板卡通过 USB 口和工控机进行通信；对于力矩电机的电流采集，通过驱动器自带的 485 总线完成。

实验工控机承担的主要控制任务包括飞行器负载模拟系统角位移、角加速度、力矩加载的运动控制，并能进行失控处理和协调控制。同时通过 TCP 协议接收来自 Web 服务器的指令以及发送从飞行器负载模拟系统检测模块采集的信号。

3.6.1　软件设计

在工业控制计算机上运行的控制软件是整套计算机控制系统的核心部分，由于该飞行器负载模拟系统是基于浏览器的，控制软件必须具备网络通信模块。因此本系统选用了 NI 公司的 LabWindows/CVI 软件作为开发平台，该测控软件在具备了普通工业控制软件功能的同时内置了 TCP/IP 模块，可以直接通过网络接收和发送数据[43]。

相对于 LabView，LabWindows/CVI 最大的特色在于它是基于 C 语言的，对控制命令和输入的响应通过回调函数的形式实现，使得工程技术人员非常容易上手，同时其程序结构简洁、清晰，拓展性好，可以对系统硬件、各种 I/O 端口直接进行读写。软件内置了丰富的 GUI 控件，例如各种图标、按钮、工业符号等，可以非常方便地设计出美观大方简洁的操作界面，便于不同层次的操作人员使用[44]。

本实验平台提供了两种基本的控制模式：本地控制和浏览器远程控制。

1) 本地控制模式

本地控制模式是通过工业控制计算机的操作软件直接控制飞行器负载模拟系统，整个调试过程都是通过本地控制进行的。在本地控制模式下，控制器由工控机内部的软件进行运算，用户只需要在工控机人机界面上直接输入命令就可以控制飞行器负载模拟系统，并通过曲线观测来分析电机的运行情况。本地控制模式软件流程图如图 3-17 所示。

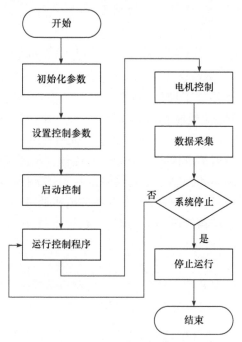

图 3-17　本地控制模式软件流程图

2) 浏览器远程控制模式

浏览器远程控制模式是本教学实验平台的重点所在。在远程模式下，仪器硬件系统的主控单元——控制计算机相当于设备端，用户通过客户端浏览器登录平台并与实验室服务器建立连接。所有与实验相关的控制计算和数据处理过程都在远程服务端进行，实验室工控机只负责对仪器硬件系统进行数据采集与控制信号的处理，服务器与工控机之间通过 TCP 协议完成数据传输。

在实验过程中，客户端通过远程服务器发送连接请求，建立与实验室服务器的 TCP 连接。客户端发送控制指令给实验室服务器，服务器解析指令后完成相应动作，并采集反馈信息发送回客户端；客户端接收反馈信息，重新进行控制量计算并以固定周期向实验室服务器发送，如此循环直至控制系统达到稳定。该模式下，所有控制算法的设计与数据处理都在客户端完成，这样使学生有了极大的自主性，学生可以在客户端自己开发控制算法，调试参数，通过网络远程控制实验设备，以此验证所编写算法的正确性，并在此基础上进行算法优化等，这也是本教学平台的创新点之一。

网络控制模式软件流程图如图 3-18 所示。

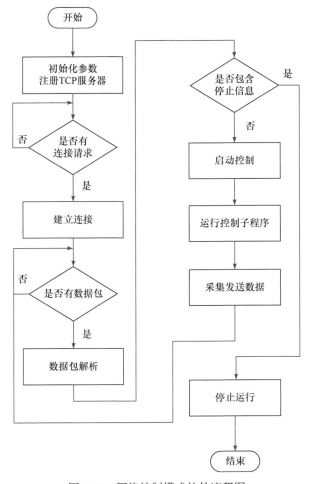

图 3-18　网络控制模式软件流程图

软件在运行的过程中，涉及的数据采集和显示、控制指令的接收和发送等模块是需要周期性地进行执行，理论上这个过程应该是一个实时的过程，但受限于系统机能，通常是将这些模块放在一个定时器中，以定时器的中断为节拍，将代码在一秒钟内执行若干次，只要执行次数满足误差要求，就可以认为这些模块是实时运行的。那么定时器的刷新间隔与稳定程度直接决定了系统的控制效果。LabWindows/CVI 开发平台内部提供了简易的 timer 定时器，但这是一个单线程的定时器。控制界面上的任何事件，例如，单击按钮和拖动窗口等都会打断定时器运行，破坏循环周期，从而导致控制系统振荡乃至发散。

针对上述情况，平台选择 Windows 系统内置的多媒体定时器，LabWindows/CVI 可以直接调用该定时器，该定时器优先程度高，有独立的中断线程，可以避免界面操作对控制的影响。

软件通信模块主要由三部分构成：TCP/IP 通信模块、AD/DA 板卡通信模块、RS-485 通信模块。其中 TCP/IP 模块是 LabWindows/CVI 软件内置的模块，可以直接读取网络发送的数据。AD/DA 转换通过 PCI8932 板卡实现，通过安装 PCI8932 官方提供的控件库就可以直接在程序中调用函数进行相应的 AD/DA 转换。RS-485 通信和 AD/DA 相似，安装 MOXA 官方提供的控件库后就可以直接调用函数进行串口通信[45]。

3.6.2　硬件设计

针对传统的控制类课程，如《自动控制原理》《计算机控制系统》等，本教学平台设计了可以进行经典控制实验的飞行器负载模拟系统控制系统。飞行器负载模拟系统控制系统的设计主要包含了被控对象、主控单元，此外还有音视频采集单元。

1）飞行器负载模拟系统

飞行器负载模拟系统本体是一个四自由度转台，包括三个转动轴、一个移动轴，八个电机分别安装在四个轴的两端，通过弹性联轴器与轴相连，每个轴的其中一端安装一个伺服电机，用于位置控制。每个轴的另一端安装直流力矩电机，力矩电机能够给出各种力矩信号，这个信号可以作为运动控制电机的力矩干扰信号或负载信号。不同的轴，电机型号和规格不同。每个轴分别安装有多种不同的传感器，可以采集角位移、速度、力矩等各种反馈信号。飞行器负载模拟系统实物图如图 3-19 所示。

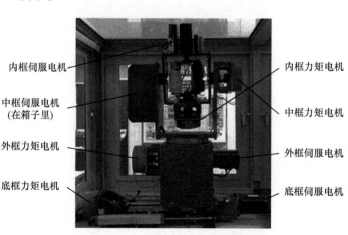

图 3-19　飞行器负载模拟系统实物图

在实验过程中,由计算机控制系统给出位置载荷,伺服电机做位置闭环运动,同时力矩电机在力矩载荷指令下,进行力矩闭环控制,可任选一个或几个轴同时运动。在每一个控制周期中,反馈信息(角位移、角速度、力矩等)经由 RS485 通闭环控制器,经由控制算法的计算得到控制量输出值,该值经由 PCI 数据总线发送至多功能数据采集卡或者 RS485 通信模块中,作用于不同的驱动模块,驱动力矩电机和伺服电机进行运动,形成闭环控制。

本系统需要用到 4 路模拟信号输出,控制力矩电机运动,以及 4 路数字信号输出控制力矩电机转动方向,因此需要一块具备多路 DA 和 DO 功能的 PCI 板卡,如图 3-20 所示。

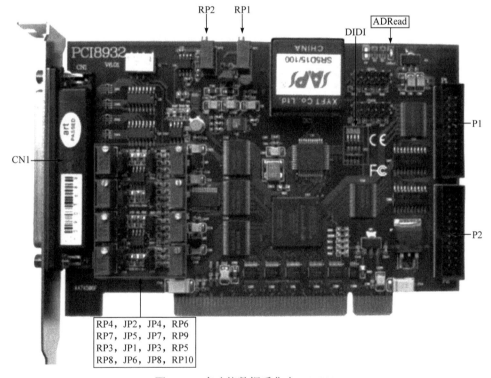

图 3-20　多功能数据采集卡 PCI8932

本平台中,伺服电机驱动器以及力矩电机驱动器的通信采用 RS485 通信方式,所以需要共计 8 个支持 RS485 的端口,工控机本身是不具备的,因此选择了多串口卡 CP-134U,如图 3-21 所示。

飞行器负载模拟系统是服务于教学实验平台的,针对本平台而言,力矩电机用于对运动电机的力矩干扰、负载、参数辨识,以教学为目的,考虑到飞行器负载模拟系统每个轴的负载大小不同,也为了教学的多样化,同时考虑力矩电机自身特性，应选择力矩波动小、机械特性较好且能够连续平稳可靠运行的电机。

图 3-21　多串口卡 CP-134U

伺服电机在本系统中用来进行位置控制，而飞行器负载模拟系统的位置变化是可以模拟飞机姿态的，这就要求位置姿态有一个固定不变的原点，不能每次电机上电，飞机姿态都不一样，因此我们考虑使用带绝对型编码器的电机，且要带有位置记忆功能，即断电重新上电后，还可回到绝对零位。

多功能数据采集卡 PCI8932 的输出是电压模拟量，经过力矩电机驱动器后作用在力矩电机上。匹配本系统选用的两种型号力矩电机，选择了某公司生产的 AQMD3610 和 AQMD3620 两种型号直流力矩电机驱动器。该驱动器使用领先的电机回路电流精确检测技术、直流电机转速自检测技术、再生电流恒电流制动(或称刹车)技术和强大的 PID 调节技术可完美地控制电机启动、制动(刹车)、换向过程和堵转保护，电机响应时间短且反冲力小，输出电流实时监控防止过流，有效保护电机和驱动器[46]。通过拨码开关或串口配置电机额定电流，可使电机启动、制动、堵转电流均限定在电机额定电流，高效而安全。

为了匹配本系统选用的两种型号伺服电机，选用某具有过电压、过负载、编码器异常等几十种错误报警，安全性好，可靠性高。其控制方式有位置、速度、扭矩多种模式，在本系统中，为了满足教学需要，选择工作在扭矩模式下。驱动器支持 RS232 和 RS485 串行通信功能，通信协议为 MODBUS 协议，可通过通信方式控制和读写参数。在该驱动器面板上还可根据设置监视不同运行信息，方便监测和观察，使用便捷简单。

2) 网络设备

路由器与交换机是组建实验设备硬件系统网络不可或缺的部分。路由器在网络层实现网络互连，负责将数据分组/包从源端主机经过最佳路径传送到目的主机。本系统 TP-LINK 型号为 TL-WR886N 的路由器，其传输频段为 2.4GHz，传输速率可达 450Mbps。交换机属于数据链路层用于信号转发的网络设备，可以为接入的任意网络节点提供独享的电信号通路。系统选用海康威视的网络 PTZ 摄像机进行实验过程的实时监测。该型号摄像机集网络远程监控功能、视频服务和高清摄像机功能于一体，支持全方位移动及镜头变倍、变焦控制。在实验进行过程中，摄像机能自动触发锁定运动中的控制对象并进行自主自动的 PTZ 跟踪，确保整个实验过程和实验目标(飞行器负载模拟系统)持续出现在镜头中央[47]。

3.7 机器人控制设备层总体结构

机器人控制是线上线下混合式人才培养平台的另一个实物控制实验。实验室内机器人为一款类人型机器人，主要用途是以水果采摘为应用背景来进行教学展示。该机器人为 12 自由度串并联混合型机器人，由小车底盘、并联结构腰部、机体双臂和头部组成。目前应用了大数据信息处理、视觉 SLAM、yolo3、双臂协调，混联机器人运动学等前沿技术算法，实现了无人自主导航，目标识别、人机交互、智能信息处理、物体抓取配送等功能。并且，该机器人加入了远程控制功能，应用于高校实验教学，是理论与实践结合的教学实验平台。

3.7.1 软件结构

机器人的软件系统包括本地控制和远程控制两部分。本地部分是在机器人操作系统(robot operating system，ROS)平台上控制运行的。ROS 是一种次级开源的机器人操作系统，它提供类似操作系统的功能，以及一些模块化的组件：硬件抽象描述、底层驱动管理、功能包集成、消息传递等，它还提供相应的开发工具和数据库，可以对模块进行编程、整合和运行。

除此之外，机器人的远程控制部分上采用目前流行的 B/S 模式，也就是使用浏览器与教学系统服务器进行数据的有序交互。Web 前端开发基于 Vue 框架，采用 HTML+CSS+JavaScript，采用 Axios 与服务器后台进行数据交互，采用可视化插件 Echarts 进行数据展示。Web 后端使用 Java 语言，基于 SpringBoot 框架进行开发，采用 MySQL 作数据库，JPA 进行数据库连接。然后分别从结构、地域、功能上对客户端、服务器端进行综合考虑规划与设计模块。核心模块设计上，主要是对排队、通信、在线编程等模块进行了重点设计。

3.7.2 硬件结构

该机器人可以综合识别周围环境，积极主动地作出反应以完成任务，同时配备了语音识别技术和 3D 体感摄影技术，可与人类进行交流，并通过语音或者人体动作等方式来获取行动指令，进而实现顺畅的姿态动作。而这些复杂功能的实现都离不开机器人的结构设计：机器人整体是由底盘(3 自由度)、腰部(1 自由度)、双臂(7 自由度)和头部(2 自由度)四部分组成的，它突破性地达到了 13 个自由度。而如此之多的自由度使得机器人的灵活性显著提升，很好地解决了机器人运动中的异点规避、力矩优化、关节角限制等问题。

实际的机器人如图 3-22 所示。机器人具有一个可全向高精度移动的底盘，适应性强，能应对大部分不良条件。底盘前部安装有激光雷达，通过激光雷达可以实现地图构建，使得机器人具备自主导航的功能和路径避障的功能；机器人的双臂包括左右两个机械手臂，右臂末端安装一个机械手爪，可以抓取目标物，左臂安装一组仿人手指部件，实现双臂的协同工作；机器人腰部采用了创新性的 3-RPS 式并联机构，能够实现弯腰、侧腰和伸长腰部等动作；机器人的头部安装有一个双目摄像机，如同人的双眼，随头部运动，可以有效增大机器人视野范围。

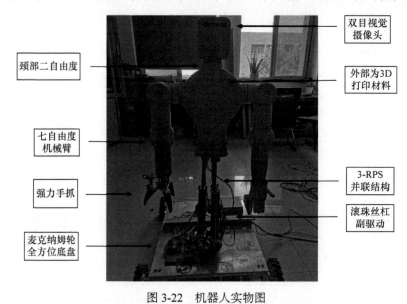

图 3-22　机器人实物图

3.8　本　章　小　结

本章主要对线上线下混合式人才培养平台进行总体设计。首先提出本平台需要解决的三大问题，然后分别制定相应的解决方案，在此基础上确定整个系统的结构，然后从用户层、服务层以及实验设备层三个部分，分别设计具体的结构与功能。针对线上线下混合式人才培养平台的几个关键功能(虚拟仿真、在线实验、在线编程、实验排队、网络通信等)给出详细的软件设计流程图，并且针对可能会出现的一些软件问题提供了相应的解决方案。最后对实验设备层做了详细的软件设计与硬件选型，包括软件部分的两种工作模式流程以及相关实验设备、网络设备的功能与具体型号选择，在完成系统设计需求的同时，保障了整个线上线下混合式人才培养平台的安全、可靠。

第4章　线上线下混合式人才培养平台控制策略

所分析和设计的线上线下混合式人才培养平台，其核心模块是其中的远程在线实验模块。该模块的中心思想是对实验设备进行远程"同效"控制，即远程实验效果与本地实验效果相同。然而，平台在线实验模块是要通过用户层实现基于浏览器的实验控制的设定和程序编写。因此，客户端在进行远程在线编程控制时，必然要经过网络通信与实验设备进行数据交互，这将不可避免地引入网络延时、丢包、乱序等网络通信常见现象，会根据具体的网络条件对控制系统的实时性造成不同程度的影响，从而影响实验过程和结果，甚至导致实验失效。

由于平台在线编程实验、创新实践的对象是用户，因此平台不能对用户控制器原本的控制效果做任何改变，只是消除网络通信对实验、创新实践造成的影响。本章针对网络通信中影响控制性能的最主要的因素——网络时延问题进行分析与研究并给出相关控制策略，从而改善网络时延对远程在线实验的影响，达到虚拟仿真实验、远程设备实验和本地设备实验"同效"的目的。

4.1　线上线下混合式人才培养平台时延分析

4.1.1　时延组成

含有通信网络的线上线下混合式人才培养平台的简化结构如图 4-1 所示。

图 4-1　线上线下混合式人才培养平台简化结构

对应的含有网络时延的控制框图如图 4-2 所示。

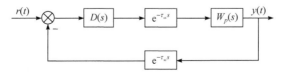

图 4-2　线上线下混合式人才培养平台控制框图

平台中时延主要分为两类：执行过程时延和传输时延。其中，执行过程时延产生于传感器、控制器、执行器的运行过程中，分别用 τ_s、τ_c、τ_a 表示；传输时延包括从传感器到控制器的时延和从控制器到执行器的时延，分别用 τ_{sc}、τ_{ca} 表示。网络控制系统的总时延为

$$\tau = \tau_s + \tau_{sc} + \tau_c + \tau_{ca} + \tau_a \tag{4-1}$$

一个采样周期内时延的组成如下。

(1) 传感器到控制器时延。当传感器的测量数据通过网络发送给控制器时，会产生该时延。它由下式定义：

$$\tau_k^{sc} = t_k^{cs} - t_k^{ss} \tag{4-2}$$

式中：

t_k^{ss} —— 传感器发送数据时刻；

t_k^{cs} —— 控制器接收到数据并开始执行运算时刻。

(2) 控制器到执行器时延。该时延由控制器发送控制信号到执行器时产生，由下式定义：

$$\tau_k^{ca} = t_k^{as} - t_k^{cf} \tag{4-3}$$

式中：

t_k^{as} —— 执行器收到控制量时刻；

t_k^{cf} —— 控制器完成控制算法并将其发送出去时刻。

(3) 控制器执行运算产生的时延：该时延是指控制器开始计算到控制量计算完成并发送的这段时间，由下式定义。

$$\tau_k^c = t_k^{cf} - t_k^{cs} \tag{4-4}$$

计算时延相对来说变化不大，在网络控制系统设计时，通过选择合适的硬件和进行高效率的软件编码，可以减少计算时延产生的影响，因而在分析设计网络控制系统时，可以把计算时延 τ_k^c 包括在 τ_k^{sc} 内或包括在 τ_k^{ca} 内一起考虑，而 τ_s 和 τ_a 因通常较小而被忽略不计。控制算法在控制器中执行时，如果网络中各节点时钟同步，则 τ_{sc} 可通过时间标识法获知，而 τ_{ca} 是将要发生的但还没有发生的，是不可测的。通常 τ_{ca} 只能通过估算获取，因而 τ_{ca} 是影响系统性能的主要不确定性因素[48]。

4.1.2　时延对控制系统的影响

在传统的控制系统中存在很多理想化假设，如时钟的同步、采样和执行的实时性等假设。但是在网络控制系统中这些假设不成立，由于控制器和执行器在地

域上的分散性,控制器发出的控制信息在经过有限的信道传输时需要一定的时间,而且受网络负载等因素的影响,时延存在很大的随机性,如果在一个周期内还没有传输到执行器,此时下一个周期的控制信息的到来就会产生信息的冲突和时序错乱,在这种情况下,系统中的控制信息将不再是实时信息,这就是网络时延所带来的问题[49]。网络时延的存在不仅会降低系统的控制性能,严重情况下还会引起系统的不稳定,尤其是对于实时性要求高的快速系统影响更加明显。

在仿真环境下针对网络控制系统时延的影响所做的仿真,其中被控对象为根据实际环境中的伺服电机所建立的模型,传递函数为

$$W(s) = \frac{0.59}{s} \tag{4-5}$$

含有前向时延的仿真框图如图 4-3 所示。

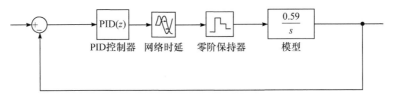

图 4-3　含有前向时延的仿真框图

控制器选取离散 PID 控制器,参数分别为 K_P=2.1,K_I=0.1,K_D=0,采样周期 T=0.1s,在仅存在前向通道时延,即控制器到执行器时延且时延分别为 0、T、5T、10T 情况下,前向通道时延对控制系统的影响如图 4-4 所示。

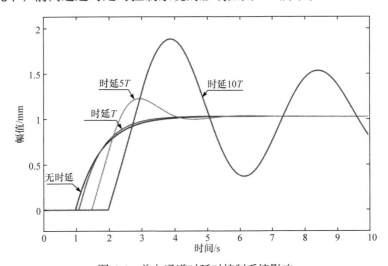

图 4-4　前向通道时延对控制系统影响

从图 4-4 中可以看出,当系统前向通道存在一个采样周期的固定时延时,系

统的响应时间相应的延迟了一个周期的时间，而且动态响应方面相比于无时延出现了较小的超调；当时延为 $5T$ 时，系统的超调量 $\sigma = 23.1\%$，调节时间 $t = 4.2\text{s}$，系统的动态响应变差；当时延为 $10T$ 时，系统的超调量 $\sigma = 89\%$，且已经无法在 10s 时间内达到稳态，远远无法满足实际控制需求。

　　然而在实际的网络控制系统中，不仅存在前向通道时延，从传感器到控制器的反馈通道同样存在网络时延，含有双向时延的仿真框图如图 4-5 所示。

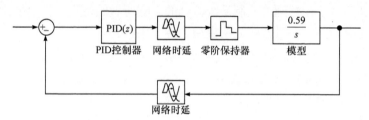

图 4-5　含有双向时延的仿真框图

　　在保持其他参数不变的情况下，在反馈通道添加同样的网络时延，分别为 T、$5T$、$10T$ 后，双向通道时延对控制系统的影响如图 4-6 所示。

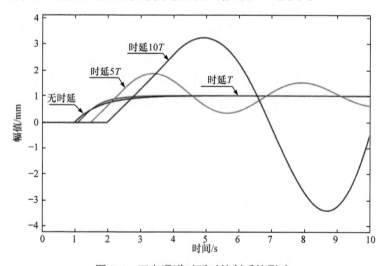

图 4-6　双向通道时延对控制系统影响

　　从图 4-6 可知，当前向通道和反馈通道存在等量的时延时，系统的响应进一步变差，当时延为 10 倍的采样周期时，响应已经发散，整个系统已经不具有稳定性。

4.1.3　网络时延对线上线下混合式人才培养平台的影响

　　上述结果是在理想状态下进行仿真得到的，而在实际应用中，网络控制系统的各个节点均会受到各种物理因素影响，与理想状态存在一定的差异。单就网络时延这一项来说，在实际的网络控制中，网络时延的大小并不是固定的，而是在一定范围内随机变化的。为了测试实际网络控制系统中的网络时延，我们可以通过测量数据往返时间(round-trip time，RTT)来近似估计，时延测试示意图如图 4-7 所示。

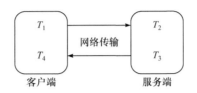

图 4-7　时延测试示意图

客户端(控制器端)在 T_1 时刻发送控制量信息，途中经过网络传输，在 T_2 时刻到达服务端执行器，执行完成后服务端再将传感器所采集到的信息于 T_3 时刻发送给客户端，经网络传输后于 T_4 时刻到达控制器端，至此完成一次控制周期的数据交互。由于 T_2 到 T_3 时间段内主要是计算机对于数据的处理与转发，耗时较小，可以忽略不计。通过在客户端记录 T_1 和 T_4 时刻的值，便可得到 RTT 的大小 $T=T_4-T_1$，同时由于网络往返环境基本相同，单向网络时延可以近似认为是 RTT 的一半，即 $(T_4-T_1)/2$。

图 4-8 是在线上线下混合式人才培养平台中所测得的一段时间内 RTT 的值。

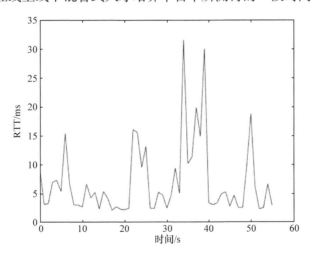

图 4-8　线上线下混合式人才培养平台时延

由图 4-8 可知，此网络控制系统在 1min 内前向时延和反馈时延之和在 0～35ms 范围内随机波动。

不确定时延对于网络控制系统的影响与具体的网络环境有关，即使是同一网络环境下，由于网络时延的随机性与不确定性，也无法定量的分析时延对系统的影响。为了解决这一问题，此处采用一种排队法，将网络随机时延转换为确定时延，在简化时延模型的同时也便于对整个系统进行定量分析。

排队法是利用了队列缓冲器"先进先出(FIFO)"的特点，在执行器的数据接收端和控制器的数据接收端分别建立队列缓冲器，缓冲区结构都采用队列型，而且若发送缓冲区中有未发送完的数据，只要网络空闲，立即就会发送。如图 4-9 所示，通过网络发送和接收的信息都首先进入相应的缓冲区。假定传感器到控制器的最大传输时延为 τ_m^{sc}，控制器到执行器的最大传输时延为 τ_m^{ca}，则缓冲区的长度分别取为 $L_1 = \tau_m^{sc} + 1$ 和 $L_2 = \tau_m^{ca} + 1$。假定 k 时刻利用的信息是 $k - \tau_m^{sc}$ (对控制器而言)或者 $k - \tau_m^{ca}$ (对执行器而言)时刻的信息，即 k 时刻利用的是 τ_m^{sc} 或者 τ_m^{ca} 采样周期以前的信息。由于信息传输的最大时延为 τ_m^{sc} 或者 τ_m^{ca}，且队列型的缓冲区具有"先进先出"的特点，因此，只要在传输过程中不发生信息丢失的现象，$k + 1$ 时刻所利用的信息肯定是 $k + 1 - \tau_m^{sc}$ (或者 $k + 1 - \tau_m^{ca}$)时刻的信息，即还是利用了 τ_m^{sc} 或者 τ_m^{ca} 时刻以前的信息。以此类推，在所有时刻，系统总是利用 τ_m^{sc} 或者 τ_m^{ca} 时刻以前的信息[50]。可见，时变的传输时延被转化为了固定时延，相应地，随机时变系统也被转化为了确定性的系统。

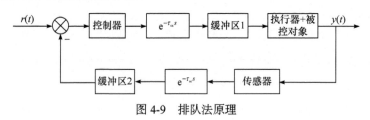

图 4-9　排队法原理

上面提到缓冲区长度分别取为 $L_1 = \tau_m^{sc} + 1$ 和 $L_2 = \tau_m^{ca} + 1$，这是因为：

(1) 避免传输过程中信息的丢失，这样才能保证将时变的传输时延转化为固定时延；

(2) 避免设置多余的缓冲区单元，造成资源浪费。

基于以上排队法，我们不仅可以将不确定时延人为地转化为固定时延，而且可以根据实际的需求来控制缓冲区数组的发送速度，从而达到可以自主调节网络控制系统时延的效果。

图 4-10 是在实际环境中，用上述排队法将双向时延分别设为 0、T、$5T$、$10T$ 时，系统的阶跃响应，设定的目标角度值为 100°，其他参数均与仿真环境下参数一致。由图 4-10 可知，在实际环境中，时延对于系统的影响随着时延的增大而增大，过高的网络时延甚至会影响系统的稳定。

由此可见，网络时延作为延时环节的一种，其对于控制系统的影响是十分巨大的，而网络时延又是网络控制系统当中无法避免的一个问题，因此，要想提高网络控制系统的性能，使其满足实际控制的需求，首先要解决的就是网络时延问题。

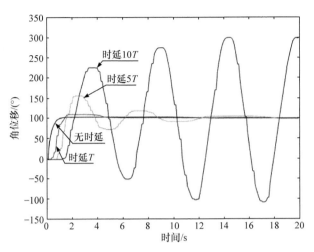

图 4-10　双向通道时延对实际系统影响

4.2　Smith 预估控制

4.2.1　Smith 预估控制原理

Smith 预估控制的设计思想如下，设控制对象或过程的模型为

$$W(s) = W_p(s) \cdot e^{-\tau s} \tag{4-6}$$

式中：

$W_p(s)$ —— 被控对象中不包括纯滞后部分的传递函数；

$e^{-\tau s}$ —— 纯滞后部分传递函数，τ 为纯滞后时间。

$D(s)$ 为模拟控制器传递函数。带有纯滞后环节的常规反馈控制系统如图 4-11 所示。

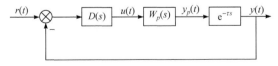

图 4-11　有纯滞后环节的常规反馈控制系统

系统的闭环传递函数为

$$W_B(s) = \frac{D(s)W_p(s)e^{-\tau s}}{1 + D(s)W_p(s)e^{-\tau s}} \tag{4-7}$$

系统的特征方程为

$$1 + D(s)W_p(s)\mathrm{e}^{-\tau s} = 0 \tag{4-8}$$

从系统的特征方程可以看出，造成系统难以稳定的本质是系统特征方程中含有纯滞后环节 $\mathrm{e}^{-\tau s}$，当纯滞后时间较大时，系统就会超调过大甚至振荡。

从图 4-11 可以看出，系统特征方程之所以含有纯滞后环节，是因为系统的反馈通道中含有纯滞后环节，如果能够把纯滞后环节置于反馈通道之外，即如果能把信号 $y_p(t)$ 反馈到输入端，则系统的稳定性将得到根本性的改善，这就是 Smith 期望的反馈回路配置，如图 4-12 所示[51]。显然这个方案是无法实现的，但它却给我们这样一个启发：如果能设计一个过程模型 $W_m(s) = W_{m1}(s) \cdot \mathrm{e}^{-\tau_m s}$，使 $W_{m1}(s) = W_p(s)$，$\tau_m = \tau$，将控制量 $u(t)$ 加到这个模型上，并用模型 $W_{m1}(s)$ 的输出信号 $y_{m1}(t)$ 来代替虚拟信号 $y_p(t)$ 反馈到输入端，如图 4-13 所示，则可得到与期望反馈配置相同的控制效果，这就是初步的 Smith 预估控制方案。

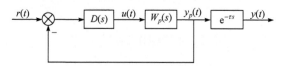

图 4-12　反馈回路的期望配置

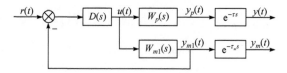

图 4-13　初步的 Smith 预估控制方案

但是，如果有负载扰动或设计的模型不准确，由初步的 Smith 预估控制方案难以得到理想的控制效果。负载扰动或模型不准确所产生的偏差可用 $e_m(t) = y(t) - y_m(t)$ 来描述，为了补偿该偏差，我们可以将 $e_m(t)$ 作为第二个反馈信号，这就是完整的 Smith 预估控制方案[52]，如图 4-14 所示。

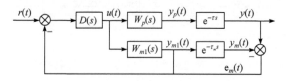

图 4-14　完整的 Smith 预估控制方案

为了便于设计，把图 4-14 等效变换为图 4-15。

Smith 预估器的传递函数为

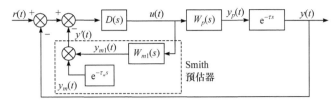

图 4-15　等效的 Smith 预估控制方案

$$D'(s) = \frac{Y'(s)}{U(s)} = W_{m1}(s)(1 - \mathrm{e}^{-\tau_m s}) \tag{4-9}$$

图的闭环传递函数为

$$W_B(s) = \frac{D(s)W_p(s)\mathrm{e}^{-\tau s}}{1 + D(s)W_p(s)\mathrm{e}^{-\tau s} + D(s)W_{m1}(s) - D(s)W_{m1}(s)\mathrm{e}^{-\tau_m s}} \tag{4-10}$$

系统的特征方程为

$$1 + D(s)W_p(s)\mathrm{e}^{-\tau s} + D(s)W_{m1}(s) - D(s)W_{m1}(s)\mathrm{e}^{-\tau_m s} = 0 \tag{4-11}$$

如果模型设计准确，即 $W_{m1}(s) = W_p(s)$ ， $\tau_m = \tau$ ，则系统的特征方程变为

$$1 + D(s)W_p(s) = 0 \tag{4-12}$$

与式(4-8)比较可以看出，采用 Smith 预估控制后，系统的特征方程中纯滞后项消失，纯滞后环节已经不存在于反馈回路之中，对于系统的控制效果和稳定性没有影响，因此有效的解决了纯滞后环节所带来的问题。

尽管 Smith 预估控制的设计思想非常清晰，但是，用模拟器件来实现几乎不可能，因此，Smith 预估控制在提出后相当长的时间都处在理论研究阶段，直到计算机技术发展起来之后，Smith 预估控制器才得以实现，因而才更体现出其实用价值[53,54]。

4.2.2　平台模型描述

由于在线上线下混合式人才培养平台中，反馈网络时延和前向网络时延均是真实存在且不可避免的，所以我们在得到上述方案之后，再考虑含有反馈时延的线上线下混合式人才培养平台解决方案。包含反馈网络时延的线上线下混合式人才培养平台模型如图 4-16 所示。

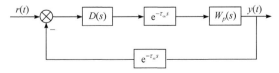

图 4-16　包含反馈网络时延的线上线下混合式人才培养平台模型

　　关于如何解决反馈通道时延控制系统所造成的影响，我们可以从 Smith 预估控制原理的设计思路出发，在完整的 Smith 预估控制方案中，负载扰动或模型不准确所产生的偏差可用 $e_m(t) = y(t) - y_m(t)$ 来描述，为了补偿该偏差，将 $e_m(t)$ 作为第二个反馈信号反馈到输入端。其中 $y(t)$ 是实际被控对象输出，$y_m(t)$ 是预估模型输出，由于存在反馈通道时延，我们可以在反馈通道添加一个纯时延环节作为反馈时延，在前向时延预估模型后添加一个纯延时环节作为反馈时延预估模型，如图 4-17 所示。

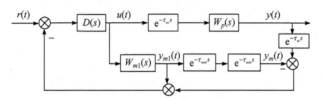

图 4-17　线上线下混合式人才培养平台 Smith 预估控制方案

　　为了便于设计控制器，将上述方案等效为图 4-18 所示方案。

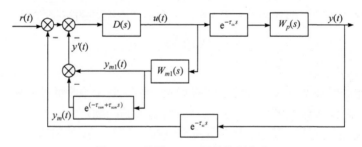

图 4-18　等效 Smith 预估控制方案

其中，Smith 预估器的传递函数为

$$D'(s) = \frac{Y'(s)}{U(s)} = W_{m1}(s)\left[1 - e^{-(\tau_{cam} + \tau_{scm})s}\right] \tag{4-13}$$

图 4-18 的闭环传递函数为

$$W_B(s) = \frac{D(s)W_p(s)e^{-\tau s}}{1 + D(s)W_p(s)e^{-(\tau_{ca} + \tau_{sc})s} + D(s)W_{m1}(s) - D(s)W_{m1}(s)e^{-(\tau_{cam} + \tau_{scm})s}} \tag{4-14}$$

系统的特征方程为

$$1 + D(s)W_p(s)e^{-(\tau_{ca} + \tau_{sc})s} + D(s)W_{m1}(s) - D(s)W_{m1}(s)e^{-(\tau_{cam} + \tau_{scm})s} = 0 \tag{4-15}$$

　　在模型设计准确，即 $W_{m1}(s) = W_p(s)$，$\tau_{cam} = \tau_{ca}$，$\tau_{scm} = \tau_{sc}$ 的情况下，系统的特征方程同样为

$$1+D(s)W_p(s)=0 \tag{4-16}$$

从式(4-16)可以看出，针对双向时延的 Smith 预估控制器也使得系统特征方程中的纯滞后项消失，把纯滞后环节转移到反馈回路以外，理论上也可以消除双向时延对于系统所带来的影响。

4.2.3　仿真分析

4.2.2 节已经得到基于 Smith 预估控制的线上线下混合式人才培养平台改进方案，本节通过仿真软件进行数值仿真，初步验证上述方案的有效性。

首先构建对应的仿真框图，为了尽可能参照线上线下混合式人才培养平台的实际情况，仿真图中被控对象为远程教学实验平台中四自由度飞行器负载模拟器的滚转轴伺服电机模型，其传递函数为

$$W(s)=\frac{0.59}{s} \tag{4-17}$$

在连续域内对此方案进行仿真分析，基本控制器采用 PID 控制器，三个参数分别为 $K_P=2.1$、$K_I=0.1$、$K_D=0$，在系统建模准确的情况下，Smith 预估控制仿真框图如图 4-19 所示。

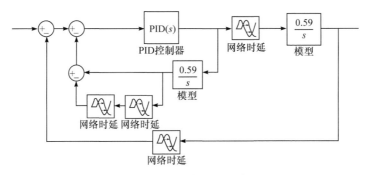

图 4-19　Smith 预估控制仿真框图

在不考虑模型失配、外部干扰等因素的理想状况下，当系统双向时延分别为 T、$5T$、$10T$ 时，与无时延情况下的结果对比如图 4-20 所示。

通过分析图 4-20 可以看出，在加入反馈通道时延后，改进的 Smith 预估控制仍然可以消除由于双向时延所带来的影响，在保证控制效果相同的前提下，只是把系统响应时间推迟。仿真结果说明，Smith 预估控制不仅在理论上可行，而且在仿真环境下也是可行的，接下来就是把理论知识落实到实际场景中，要在线上线下混合式人才培养平台中验证该方案的实用性。

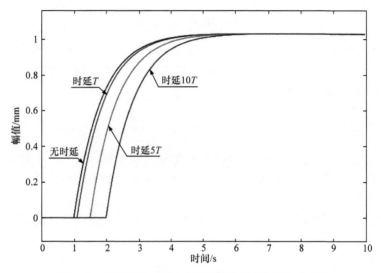

图 4-20　系统双向时延与无时延情况下的结果对比图

4.2.4　实际场景验证

本节对 4.2.3 节的方案进行实际应用以验证效果。

在进行方案的实际应用之前，首先要分析该方案是否符合实际应用场景。在线上线下混合式人才培养平台中，网络时延的大小受网络状况的影响，不同时刻的时延大小是完全随机的。而根据 Smith 预估控制原理所设计的方案是针对含有固定时延的网络控制系统的解决方案，而且在 Smith 预估控制器中需要对此固定时延进行建模。因此，在进行 Smith 预估控制器的离散化之前，首先要使用第 2 章提到的排队法，把前向通道时延和反馈通道时延全部转化为固定时延，然后再进行控制器的离散化应用。

线上线下混合式人才培养平台时延补偿技术路线如图 4-21 所示。

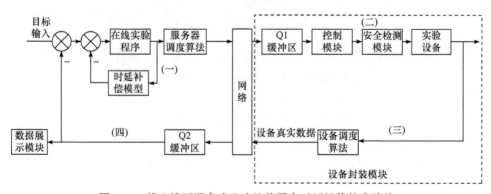

图 4-21　线上线下混合式人才培养平台时延补偿技术路线

本书先对方案的 Smith 预估控制器部分进行离散化。搭建的 Smith 预估控制器如图 4-22 所示。

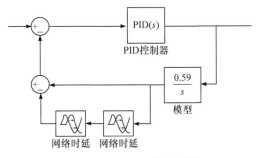

图 4-22　Smith 预估控制器

在离散化方法上，所采取的是差分变换法中的后向差分变换，后向差分变换的基本原理如下。

假设有模拟信号 $e(t)$，其微分为 $\dfrac{\mathrm{d}e(t)}{\mathrm{d}t}$，其后向差分为 $\dfrac{e(kT)-e(kT-T)}{T}$，所谓的后向差分变换就是用 $\dfrac{e(kT)-e(kT-T)}{T}$ 来代替 $\dfrac{\mathrm{d}e(t)}{\mathrm{d}t}$，即

$$\frac{\mathrm{d}e(t)}{\mathrm{d}t}=\frac{e(kT)-e(kT-T)}{T} \tag{4-18}$$

对式(4-18)两边取拉普拉斯变换(z 变换)得

$$sE(s)=\frac{1-z^{-1}}{T}E(z) \tag{4-19}$$

如果数字信号和模拟信号具有相同特性，则

$$s=\frac{1-z^{-1}}{T} \quad 或 \quad z=\frac{1}{1-Ts} \tag{4-20}$$

利用排队法将双向时延均设为 $\tau=T=0.1\mathrm{s}$ 时，通过后向差分变换后的 Smith 预估控制器的闭环脉冲传递函数为

$$W_B(z)=\frac{211-421z^{-1}+210z^{-2}}{112.499-212.39z^{-1}+87.511z^{-2}+12.39z^{-3}} \tag{4-21}$$

在得到 Smith 预估控制器的闭环传递函数后，需要将其转化为差分方程的形式，才能以计算机程序的形式实现并应用。

$$\frac{C(k)}{R(k)}=W_B(z) \tag{4-22}$$

整理后可得

$$C(k) = \frac{211}{112.449} R(k) - \frac{421}{112.449} R(k-1) + \frac{210}{112.449} R(k-2)$$
$$+ \frac{212.39}{112.449} C(k-1) - \frac{87.551}{112.449} C(k-2) - \frac{12.39}{112.449} C(k-3)$$
(4-23)

由于 Smith 预估控制器效果受模型的精度影响非常明显，经实际验证，即使保留三位小数，控制效果也会有较大差距，故上式并未保留小数，而是采用分式的形式表示各系数。

通过线上线下混合式人才培养平台，将式(4-23)利用在线编程功能编写相应的 Smith 预估控制器程序，进行远程实验后得到如下结果。

通过对比无时延、双向时延和采用 Smith 预估控制后的响应图如图 4-23 可知，当网络时延为一个采样周期时，未采用 Smith 预估控制的系统已经出现了 10% 的超调量，动态响应与无时延时差别较大；而使用 Smith 预估控制后，系统并未出现超调，且动态响应与无时延时系统响应较为相似。

下面验证当网络时延进一步增大时 Smith 预估器的控制效果。

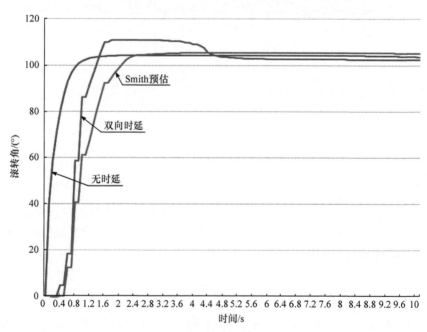

图 4-23   Smith 预估器效果对比图($\tau = T$)

利用排队法将双向时延均设为 $\tau = 5T = 0.5s$ 时，通过后向差分变换后的 Smith 预估控制器的闭环脉冲传递函数为

$$W_B(z) = \frac{211 - 421z^{-1} + 210z^{-2}}{112.449 - 212.39z^{-1} + 100z^{-2} - 12.449z^{-10} + 12.39z^{-11}} \quad (4\text{-}24)$$

对应的差分方程为

$$C(k) = \frac{211}{112.449}R(k) - \frac{421}{112.449}R(k-1) + \frac{210}{112.449}R(k-2) + \frac{212.39}{112.449}C(k-1)$$

$$- \frac{100}{112.449}C(k-2) + \frac{12.449}{112.449}C(k-10) - \frac{12.39}{112.449}C(k-11) \quad (4\text{-}25)$$

通过线上线下混合式人才培养平台，将式(4-25)利用在线编程功能编写相应的
Smith 预估控制器程序，进行远程实验后得到结果如图 4-24 所示。

将双向时延均设为 $\tau = 10T = 1s$ 时，通过后向差分变换后的 Smith 预估控制器的
闭环脉冲传递函数为

$$W_B(z) = \frac{211 - 421z^{-1} + 210z^{-2}}{112.449 - 212.39z^{-1} + 100z^{-2} - 12.449z^{-20} + 12.39z^{-21}} \quad (4\text{-}26)$$

对应的差分方程为

$$C(k) = \frac{211}{112.449}R(k) - \frac{421}{112.449}R(k-1) + \frac{210}{112.449}R(k-2)$$

$$+ \frac{212.39}{112.449}C(k-1) - \frac{100}{112.449}C(k-2) + \frac{12.449}{112.449}C(k-20) - \frac{12.39}{112.449}C(k-21)$$

$$(4\text{-}27)$$

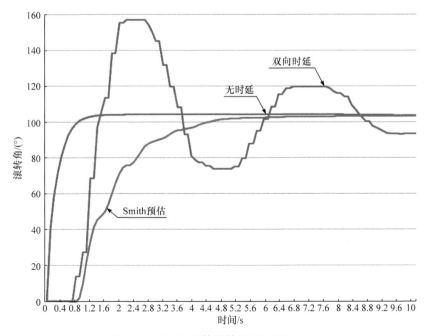

图 4-24　Smith 预估器效果对比图($\tau = 5T$)

通过线上线下混合式人才培养平台,将式(4-27)利用在线编程功能编写相应的 Smith 预估控制器程序,进行远程实验后得到结果如图 4-25 所示。

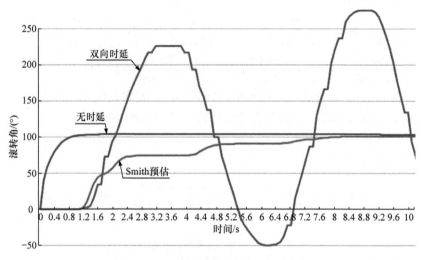

图 4-25　Smith 预估器效果对比图($\tau=10T$)

由图 4-24 和图 4-25 可以看出,当线上线下混合式人才培养平台网络时延不断增大时,未采取 Smith 预估控制的系统响应已经逐渐振荡甚至发散,而基于 Smith 预估控制的方案依然可以保持相对良好的控制效果,这说明 Smith 预估控制对于解决线上线下混合式人才培养平台的网络时延问题是有一定效果的,能够初步完成远程实验和现场实验"同效"的目标。

但是由于传统 Smith 预估控制对于预估模型的精确度要求很高,理论上只有在被控对象和被控对象预估模型、时滞环节和时滞环节预估模型完全一致时,Smith 预估控制才能完全消除由时滞环节所带来的影响。而在实际的环境中,对于被控对象和网络时延的建模与实际情况是无法完全一致的,误差是不可避免的,这也就导致当建模精度不高时,Smith 预估控制的效果也会大打折扣,从实际响应图也可以看出,由于建模误差,导致实际情况下的 Smith 预估控制效果与仿真效果存在一定差距,而且随着网络时延的不断增大而变得越来越差。

因此,如何降低由模型精度所造成的影响,改善 Smith 预估控制的实际控制效果,使其更符合工程应用场景是一个非常重要的问题。

4.3　自抗扰 Smith 预估控制

4.2 节提到,基于传统 Smith 预估控制来解决线上线下混合式人才培养平台的网络时延问题是有一定效果的,但是受实际因素影响,模型失配问题是难以避免的。本节的主要任务就是对传统 Smith 预估控制进行改进，降低模型失配问题所造成的影响，使其更适合工程应用。

4.3.1　仿真分析

在进行改进之前，首先来定量的分析模型失配对于 Smith 预估控制的影响。假定被控对象模型准确，选取时滞环节为模型失配对象，当网络时延为 T、$5T$、$10T$ 时进行仿真分析，模型失配仿真框图如图 4-26 所示。

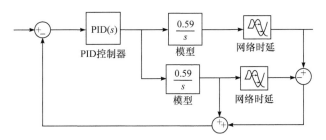

图 4-26　模型失配仿真框图

当预估网络时延模型失配比例分别为 10%、30%、50%时，系统的阶跃响应如图 4-27～图 4-29 所示。

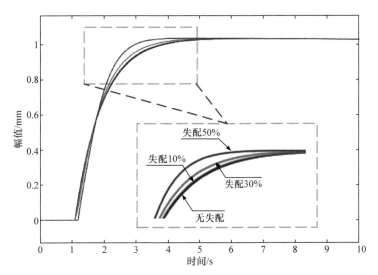

图 4-27　网络时延模型失配时系统响应($\tau = T$)

分析可知，模型失配对于传统 Smith 预估控制的动态响应有较为明显的影响，而且随着模型失配比例的增大和网络时延的增大，该影响也越来越明显，系统开始出现超调和振荡。

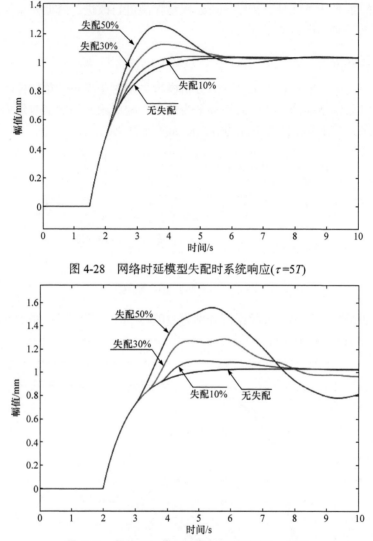

图 4-28　网络时延模型失配时系统响应(τ=5T)

图 4-29　网络时延模型失配时系统响应(τ=10T)

　　为了降低模型失配对系统的影响，提高 Smith 预估控制的自抗扰能力，改进型的 Smith 预估控制如图 4-30 所示。

　　传统的 Smith 预估控制方法，系统的反馈信号是由两部分组成的，一部分是来自于不包含时滞环节被控对象的预估模型输出，另一部分则是来自于含有滞后环节的被控对象预估模型输出与实际系统输出的差值。时滞环节和被控对象预估模型失配时，影响在后者上都会得到体现。为了降低其影响，改进型的 Smith 预估控制在被控对象预估模型输出与实际系统输出的差值信号后串联了一个一阶惯性滤波环节，偏差经过滤波环节处理后，再反馈到系统输入。

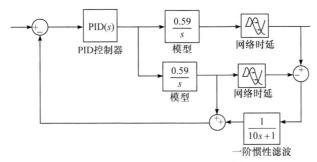

图 4-30　改进型 Smith 预估控制

滤波环节的存在使得即使系统的预估模型失配，误差也会经过滤波处理而减弱模型失配的影响，从而提高系统的稳定性和自抗扰能力。滤波环节中的 T_f 为可调参数，通过调节该值可以改变系统的动态性能和鲁棒性，经过多次对比实验，本系统在 $T_f=10$ 时，在动态性能和鲁棒性方面较为平衡。

经过改进后的 Smith 预估控制，在模型失配时系统仿真结果如图 4-31～图 4-33 所示。

可以看到，经过改进的 Smith 预估控制相比于传统 Smith 预估控制具有更强的自抗扰能力，在相同的网络时延下，改进的 Smith 预估控制在模型失配的情况下仍然能够保持较为良好的动态性能。

4.3.2　实际验证

下面对改进后的 Smith 预估控制进行实际验证。首先对图 4-30 作等效变换，以便设计数字控制器，如图 4-34 所示。

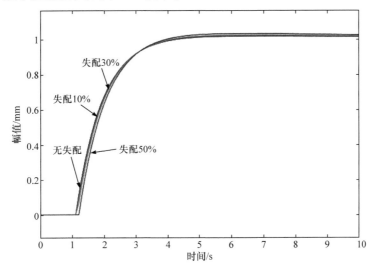

图 4-31　网络时延模型失配时系统响应 $(\tau=T)$

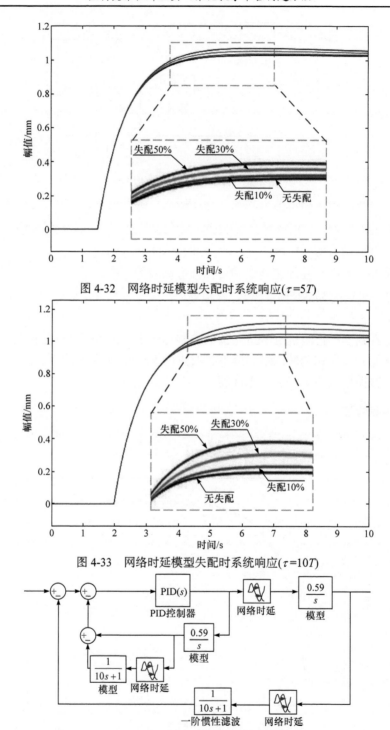

图 4-32　网络时延模型失配时系统响应($\tau=5T$)

图 4-33　网络时延模型失配时系统响应($\tau=10T$)

图 4-34　改进型 Smith 预估控制等效图

当网络时延为 $T(0.1\text{s})$ 时，采取后向差分进行离散化，控制器部分的闭环传递函数为

$$W_B(z) = \frac{21311 - 63621z^{-1} + 63310z^{-2} - 21000z^{-3}}{11357.349 - 32708.739z^{-1} + 31351.39z^{-2} - 10000z^{-3}} \tag{4-28}$$

对应差分方程为

$$\begin{aligned}
C(k) = {} &\frac{21311}{11357.349}R(k) - \frac{63621}{11357.349}R(k-1) + \frac{63310}{11357.349}R(k-2) \\
&- \frac{21000}{11357.349}R(k-3) + \frac{32708.739}{11357.349}C(k-1) - \frac{31351.39}{11357.349}C(k-2) \\
&+ \frac{10000}{11357.349}C(k-3)
\end{aligned} \tag{4-29}$$

在线上线下混合式人才培养平台的在线编程界面使用以上差分方程后，系统的响应如图 4-35～图 4-37 所示。

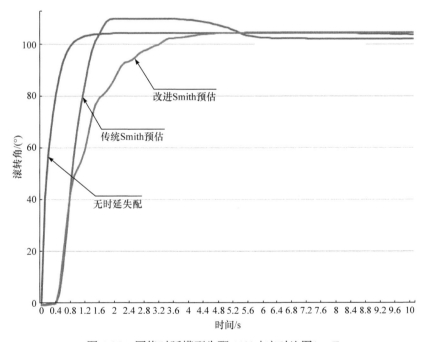

图 4-35　网络时延模型失配 10%响应对比图($\tau = T$)

通过分析以上对比图，传统 Smith 预估控制在模型失配时会出现明显的超调，调节时间也会变长，而经过改进后的 Smith 预估控制则保持了较为良好的动态性能，未出现明显的超调现象。而且改进型的 Smith 预估控制响应与本地无时延响

应较为相似，相比于 4.2 节传统 Smith 预估控制能够更好地实现"同效"的设计目的。

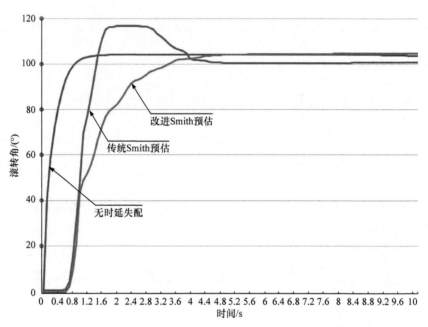

图 4-36　网络时延模型失配 30%响应对比图($\tau=T$)

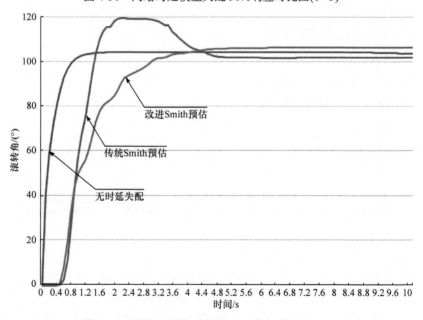

图 4-37　网络时延模型失配 50%响应对比图($\tau=T$)

4.4　新型 Smith 预估控制设计

4.3 节改进型的 Smith 预估控制有效的降低了模型失配对于控制系统的影响，但是其仍存在一定的缺陷。

由于网络时延的随机、时变和不确定性，虽然采取排队法可以将其转换为固定大小的网络时延，但是该方法受计算机本身定时器以及网络控制系统时钟同步等因素影响，该时延仍然存在一定程度的误差；即使没有时延建模误差，由于时延所引起的"空采样"和"多采样"总是存在的，也会在一定程度上增大 Smith 预估控制的补偿误差；另外，当线上线下混合式人才培养平台的客户端网络环境较差时，网络时延可能会大于数十个采样周期，此时采用排队法在控制器和执行器数据接收端将会建立一个很大的存储单元，占用节点的内存资源，资源的过度消耗不仅不利于系统的长期运行，而且可能在极端条件下影响系统的稳定性。

基于传统 Smith 预估控制的结构总是需要对系统的时滞环节进行建模，这就导致上述问题是无法避免的。为了解决上述问题，避免对系统的时滞环节建模，我们可以通过改变传统 Smith 预估控制的结构来实现。基于传统 Smith 预估控制框图可以用图 4-38 的形式表示。

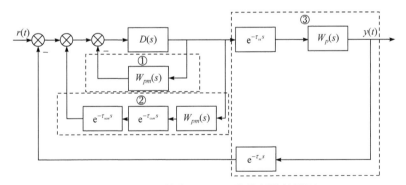

图 4-38　基于传统 Smith 预估控制的等效图

由图 4-38 可以看到，传统 Smith 预估控制需要对网络时延进行建模的原因是 Smith 预估控制器完全位于控制器端，网络时延的预估模型 $e^{-\tau_{cam}s}$ 与 $e^{-\tau_{scm}s}$ 位于②号回路，此回路的目的是采用预估模型对③号回路的输出进行预估，然后将偏差反馈到输入端进行补偿。为了在保留②号回路功能的同时避免对网络时延进行建模，可以将②号回路变换到被控对象端，与③号回路合并，如图 4-39 所示。此时原本②号回路所需的网络时延预估模型 $e^{-\tau_{cam}s}$ 与 $e^{-\tau_{scm}s}$ 由真实网络时延 $e^{-\tau_{ca}s}$ 与 $e^{-\tau_{sc}s}$ 代替，从而只需对被控对象进行建模，避免了对网络时延建模。

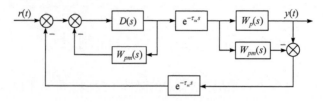

图 4-39　新型 Smith 预估控制

该系统的闭环传递函数为

$$W_B(s) = \frac{D(s)W_p(s)\mathrm{e}^{-\tau_{ca}s}}{1 + D(s)W_{pm}(s) + D(s)\big(W_p(s) - W_{pm}(s)\big)\mathrm{e}^{-\tau_{ca}s}\mathrm{e}^{-\tau_{sc}s}} \tag{4-30}$$

当被控对象建模准确，即 $W_{pm}(s) = W_p(s)$ 时，式(4-30)变为

$$W_B(s) = \frac{D(s)W_p(s)\mathrm{e}^{-\tau_{ca}s}}{1 + D(s)W_p(s)} \tag{4-31}$$

系统特征方程为

$$1 + D(s)W_p(s) = 0 \tag{4-32}$$

此时系统的等效图如图 4-40 所示。

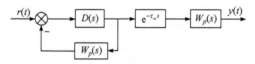

图 4-40　等效控制系统图

从式(4-32)可以看出，采用新型 Smith 预估控制后，系统的特征方程中纯滞后项消失；从图 4-40 中也可看出，纯滞后环节已经不存在于反馈回路之中，对于系统的控制效果和稳定性没有影响，因此，此方法可以从理论上解决纯滞后环节所带来的问题。

除了可以消除时滞环节带来的影响外，新型 Smith 预估控制最主要的优点就是不需要对系统的时滞环节进行建模，包括前向通道时延和反馈通道时延。从实际应用的角度来说，无须对网络时延进行测量、预估或者辨识，从而降低了对网络控制系统中网络节点之间时钟信号同步的要求；同时也避免了由于网络时延建模误差所造成的影响；而且不需要使用缓冲区，降低了系统的资源消耗，提高系统长期运行的稳定性；避免了由于时延所引起的"空采样"和"多采样"所带来的补偿误差。

在得到上述方案后，首先对控制器进行离散化以进行验证。

在不考虑被控对象模型失配的情况下，当惯性环节 $T=10$ 时，经过后向差分的控制器部分的传递函数为

$$D(z) = \frac{211 - 421z^{-1} + 210z^{-2}}{112.449 - 212.39z^{-1} + 100z^{-2}} \tag{4-33}$$

对应差分方程为

$$\begin{aligned} C(k) = \frac{211}{112.449}R(k) - \frac{421}{112.449}R(k-1) + \frac{210}{112.449}R(k-2) \\ + \frac{212.39}{112.449}C(k-1) - \frac{100}{112.449}C(k-2) \end{aligned} \tag{4-34}$$

在被控对象端进行预估模型补偿和一阶惯性滤波后，虚拟仿真环境下系统响应如图 4-41 所示。

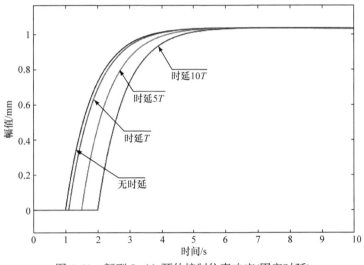

图 4-41　新型 Smith 预估控制仿真响应(固定时延)

由图可知，在虚拟仿真环境下，新型 Smith 预估控制仍然可以消除由于双向时延所带来的影响，在保证控制效果相同的前提下，只是把系统响应时间推迟。

保持以上参数不变，使用四自由度飞行模拟器滚转轴进行实物控制，在不同网络时延下的系统响应如图 4-42 所示。针对随机时延，给定随机时延 0～35ms，新型 Smith 预估控制实际响应如图 4-43 所示。

由图 4-43 可知，新型 Smith 预估控制不仅在定时延环境下有良好的控制效果，而且在不定时延环境下，也可以保持良好的控制效果，能够较好地实现"同效"的目的。

下面在被控对象预估模型失配的情况下，验证新型 Smith 预估控制器的自抗扰能力。

当双向网络时延为 0.5s，被控对象模型失配量分别为 5%、10%、20%，即被控对象预估模型分别为 $\dfrac{0.62}{s}$、$\dfrac{0.649}{s}$、$\dfrac{0.708}{s}$ 时，虚拟仿真环境下系统响应如

图 4-44 所示。

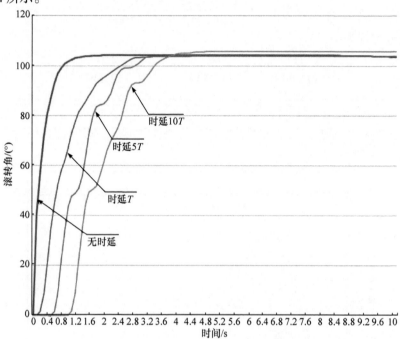

图 4-42　新型 Smith 预估控制实际响应(固定时延)

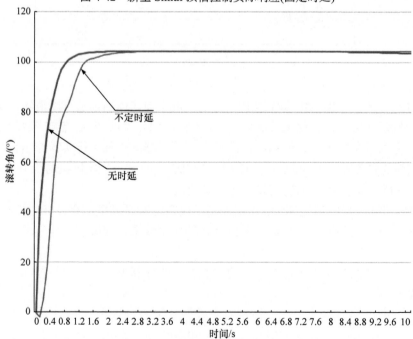

图 4-43　新型 Smith 预估控制实际响应(随机时延 0～35ms)

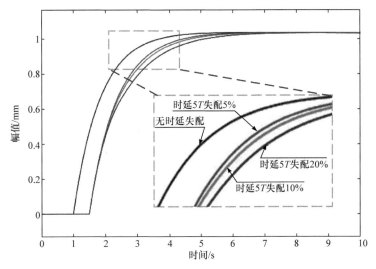

图 4-44　新型 Smith 预估控制模型失配时仿真响应($\tau=5T$)

保持以上参数不变，使用四自由度飞行模拟器滚转轴进行实物控制，系统响应如图 4-45 所示。

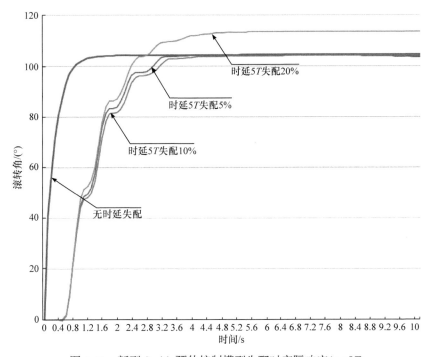

图 4-45　新型 Smith 预估控制模型失配时实际响应($\tau=5T$)

分析图 4-44 和图 4-45 可以发现，新型 Smith 预估控制不仅能在模型精确时具有良好的控制效果，而且在模型失配较小的情况下依然能够保持良好的控制效果，这说明新型 Smith 预估控制不仅能够较好地实现远程实验和本地实验"同效"的效果，而且有较强的鲁棒性。

采取上述控制策略处理后，网络时延对于控制系统的影响大大降低，被控对象响应相较于本地现场实验仅存在一段时间的滞后，响应过程基本一致。为了达到最佳的"同效"效果，仍需要对此段滞后进行处理，如图 4-21 所示：实验设备的反馈信息，即 Q2 缓冲区内的信息在显示到浏览器界面的时候，选取第一个有效数据作为系统响应的初始时刻，从而解决双向网络时延以及双缓冲区所带来的系统响应滞后的问题，老师或学生浏览器界面上看到的是不含网络时延的，并且是从初始时刻立即响应的真实实验设备运行结果，这是达到远程实验与本地实验"同效"的最佳表现形式。

本章内容虽然对线上线下混合式人才培养平台的"同效"问题提出了一系列解决方法，并取得了较好的实验效果，但是这些方法均是针对网络控制系统的网络时延问题进行研究的。除此之外，实际网络控制系统还受到节点驱动方式、网络调度、数据丢包与乱序、时钟同步等一系列因素的影响，从实际系统响应图也可看出，远程实验响应与本地实验响应并非完全一致，特别是在动态性能方面仍存在一定的差异。因此，如何解决上述问题将是线上线下混合式人才培养平台未来所要重点研究的内容。

4.5　本　章　小　结

本章主要研究线上线下混合式人才培养平台如何实现远程实验和本地实验"同效"的控制策略。

首先针对平台存在的网络时延问题，提出了基于 Smith 预估控制的解决方法，并对该方法进行了理论分析、仿真分析与实际效果验证，验证结果表明该方法有一定的效果，但是由于建模精度问题导致效果并不理想。

针对网络时延对象建模精度不高的问题，提出了具有自抗扰能力的改进型 Smith 预估控制方法，并对该方法进行了仿真分析和实际验证，验证结果表明该方法相比传统 Smith 预估控制，具有更好的自抗扰能力，实现"同效"结果较为理想。

上述方法均需要对网络时延进行建模，在增大系统误差的同时也提高平台的控制难度，为此进而提出了新型 Smith 预估控制方法，无须对网络时延进行建模，仿真结果和实验结果表明该方法也具有较为良好的控制效果。

第 5 章　基于飞行器负载模拟的控制类线上线下混合式人才培养平台

前面已经完成了线上线下混合式人才培养平台的总体设计与控制策略的研究，本章以实验平台中的飞行器负载模拟实验和机器人控制实验为例，对基于上述成果所开发的实验平台进行介绍，同时测试本平台的各项功能并进行实验效果展示。

5.1　飞行器负载模拟人才培养方式

5.1.1　飞行器负载模拟培养平台简介

在线上线下混合式人才培养平台上，进行理论、虚拟仿真实验与创新实践训练，验证并深入了解飞行器在飞行过程中姿态控制技术及负载模拟方法，实验并分析平台中的二十多个被控对象及其组合特性，培养学生及从业人员分析问题、解决问题、应用知识的创新实践能力和创新精神，全面提高综合素质。

如图 5-1 所示的基于浏览器的理论、虚拟仿真实验与创新实践一体化同步的线上线下混合式人才培养平台。该平台将虚拟仿真模型群维、半物理仿真设备维、服务器群维、教师群维、学生维五个维度有机集成，将理论、虚拟仿真实验与创新实践三个教学环节有机融合，将虚拟仿真实验与创新实践和真实物理实验与创新实践紧密结合，将传统课堂与慕课课堂相互融合。实现教师群维(传统课堂教师群维和慕课课堂教师群维)、学生维(校内学生维和校外学生维)的浏览器上同屏操作和显示所有的教学内容如图 5-1 所示。从而实现教师从开课到结课、学生从入学到毕业的全程基于浏览器的理论、虚拟仿真实验与创新实践一体化同步混合式教师教学和学生自主学习。

其中，虚拟仿真模型群由飞行器的 3D 模型、动力学模型、舵面负载模拟模型、姿态及其负载模型组成。可以模拟飞行器控制品质及其负载特性。而半物理仿真设备群由三轴正交转动和一轴移动的四轴运动台组成，每个轴两端各有一个电机，其中轴的一端安装交流伺服电机，用于模拟飞行器俯仰/滚转/偏航及直飞，另一端安装力矩电机，用于模拟负载或力干扰，该运动台与"姿态及其负载模型"相对应，实现互相验证，如图 5-2 所示。

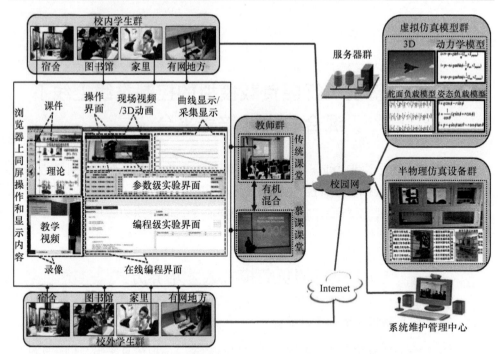

图 5-1　线上线下混合式人才培养平台飞行器模拟实验

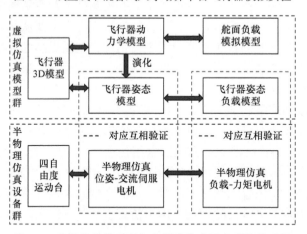

图 5-2　虚拟仿真模型群和半物理仿真设备群的关系图

5.1.2　培养方式

1. 航空飞行器模拟器位置和姿态控制技术

　　航空飞行器系统是一种集机械、电子信息、控制、人工智能等多个学科专业技术有机融合的复杂综合系统，对控制类课程来说，是非常典型的实验、创新实践系统，可以适应控制类的研究生和本科生的专业基础课程和专业核心课程。对此，我们建立了如图 5-3 所示的模拟飞行器的四自由度飞行器模拟设备组成的半物理仿真设备维，其中三个自由度为三维正交转动，实现飞行器的翻滚、俯仰和偏航，一个自由度为直线移动，实现飞行器直线移动。

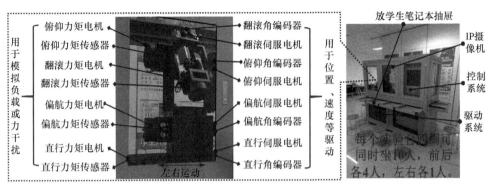

图 5-3　模拟飞行器的四自由度飞行器模拟设备

2. 航空飞行器的舵机负载模拟技术

航空飞行器的负载模拟技术，是模拟飞行器及其动力部件在飞行过程中所承受的载荷，更是复杂且典型的控制技术。为了模拟飞行器舵机所承受的负载，在图 5-3 设备的每个自由度轴上安装了直流力矩电机，可以为驱动舵面的舵机提供负载或干扰，每个轴上都安装了力矩传感器和角位移编码器。可以实现理论、真实物理实验、创新实践一体化同步混合式(传统课堂和慕课课堂混合)教师教学和学生自主学习，包括输入参数级和编制程序级完全开放的实验和创新实践。

3. 航空飞行器动力载荷模拟技术

航空飞行器如何将不同动力载荷分解到舵机所受的载荷，是飞行器负载模拟的关键和核心技术，该技术对学生进行真实物理设备实验、创新实践较为困难，即使在图 5-3 设备上实现也很困难，只有通过虚拟仿真模型完成。因此，在图 5-3 设备的基础上，我们建成了：

(1) 所有八个电机及其负载的数学模型，可以进行基于模型的虚拟仿真实验和创新实践，与图 5-3 实验设备结合，可以进行虚拟仿真与真实物理设备同步实验和创新实践，从而互相验证、虚实结合。

(2) 每轴两对象的耦合数学模型及相互干扰模型，可以进行耦合虚拟仿真实验和创新实践，与图 5-3 实验设备结合，可以进行虚拟仿真与真实物理设备同步实验和创新实践，从而互相验证、虚实结合；

(3) MATLAB 仿真模型，可以实现 MATLAB 仿真，将本平台中的虚拟仿真模

型与真实实验设备结合,可以实现三者的互相验证;

(4) 图 5-3 飞行器模拟器的动力载荷分解模型,实现了完全虚拟仿真实验和创新实践。

上述四类虚拟仿真实验和创新实践在图 5-1 平台中,可以实现基于浏览器的理论、虚拟仿真实验与创新实践一体化同步混合式(传统课堂和慕课课堂混合)教师教学和学生自主学习,包括参数级和程序级完全开放的实验和创新实践。

5.2　飞行器负载模拟器建模研究

5.2.1　飞行器负载模拟器概述

建立被控对象的准确数学模型对控制系统的设计和研究具有重要的意义,它能够直观地分析系统响应,对系统进行仿真,指导控制算法的设计。通常来说,系统模型方法分为机理建模法、系统辨识法和两者相结合的方法。机理建模法是根据被动对象的系统结构,对其运动规律进行分析,在被动对象的理论参数基础上利用公式推导出系统的数学模型,这种模型被称为白箱模型[55]。辨识建模法则针对被动对象的系统结构未知、理论参数不明确的情况,通过多次测量系统的输入输出并对其进行分析拟合,推导出系统数学模型或关键参数,这种模型被称为黑箱模型[56]。机理建模和辨识建模相结合的方法被称为灰色建模,适用于系统结构和参数不完全明确的情况。

传统的电机建模以激励法建模为主,其中不明确或无法获取的参数通常会使用公式推导或经验推测,这就导致了建立模型的不确定性,影响控制系统的分析和设计[57]。针对这种情况,本书采用机理建模和辨识建模相结合的方法,对关键参数进行参数辨识,提高模型准确度。本书中被控对象为直流力矩电机和交流伺服电机,首先,对电机和电机驱动器进行机理分析,用已知参数建立明确的机理模型,然后,针对其中的关键未知参数采用基于递推辅助变量的最小二乘辨识法进行辨识,将机理法和辨识法相结合,得到准确的数学模型。

5.2.2　电机模型分析

本书所研究的飞行器负载模拟器每个轴上装有两个电机,即伺服电机和力矩电机,分别实现控制轴上的位置和加载力矩的控制,现对两种电机驱动器进行分析。

1) 伺服电机驱动器分析

本书所使用的伺服驱动器可以工作在三种模式下,分别是力矩、速度、位置模式,因实验教学的教学需要,将其设定在力矩模式下工作。在该模式下,驱动器存在一个电流环控制,将输出力矩稳定在设定值。因为存在一个电流反馈的闭环控制,所以通过机理分析对其建模存在困难,在下文中我们通过实验和最小二乘辨识建模法对驱动器的输入到伺服电机力矩输出环节进行辨识建模。

2) 力矩电机驱动器分析

无刷直流电机取消了机械换向机构，在输出轴位置加入了位置检测传感器，一般为霍尔传感器，三个霍尔传感器间隔 120°均匀分布。直流无刷电机原理如图 5-4 所示，当无刷电机开始工作时，电子换向器首先检测霍尔信号并解码，获取电机转子当前磁极的准确位置，再经过电机正向反向旋转的控制逻辑计算，对三相桥式整流电路中桥臂的开关管进行驱动，控制开关管通断，使得电机正向和反向运行[58]。

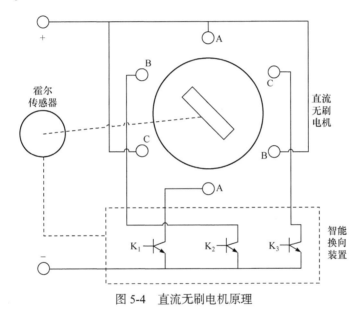

图 5-4　直流无刷电机原理

相控电路是指使用相位控制方式的电路，脉冲宽度调制(pulse width modulation，PWM)是斩波控制的一种方式。它通过改变每个对应功率管的导通次序，从而使脉冲电压的宽度发生变化，改变了加载在电机上的电压在一个周期内的平均值，这种方式就是通过占空比来调节电压[59]。

可逆 PWM 变换器的电路有很多种，其中比较常用的就是桥式电路，它的控制方式分为双极式和单极式两种。全桥功率转换电路如图 5-5 所示。

所有的功率管均工作在开关状态，两组功率管交替进行开通和关断，输出电压始终保持在电源电压之内，并且能够在正负电压之间转换，使得力矩电机能够产生持续稳定的转矩。

PWM 变换器输出的平均电压如下式：

$$U_q = \left(\frac{2t_{on}}{T} - 1 \right) U_s \tag{5-1}$$

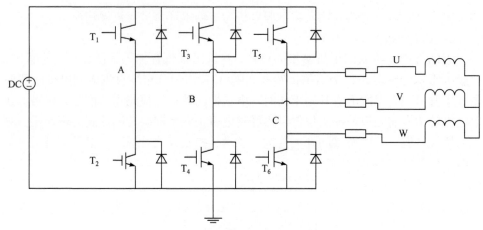

图 5-5　全桥功率转换电路图

$$t_{on} = \frac{T}{2}\left(\frac{u_{iq}}{u_{tq}} + 1\right) \tag{5-2}$$

其中：

U_q —— 电机驱动器输出的平均电压；

t_{on} —— 功率管的导通时间；

u_{iq} —— 电机驱动器的输入控制电压；

u_{tq} —— 电机驱动器的最大输入控制电压；

U_s —— 电源电压。

电枢端的电压在周期 T 中的公式为

$$U_q = \begin{cases} U_s, & 0 \leqslant t < t_{on} \\ -U_s, & t_{on} \leqslant t < T \end{cases} \tag{5-3}$$

式(5-3)的傅里叶展开式的直流分量为

$$U_s\left(\frac{2t_{on}}{T} - 1\right) \tag{5-4}$$

在本书研究中，所使用的电机工作频带远小于驱动器开关动作频率，因此其交流分量可以进行忽略，则可得

$$U_q = \frac{u_{iq}}{u_{tq}}U_s \tag{5-5}$$

随后可得到驱动器的传递函数

$$G_q(s) = \frac{u_{ip}}{u_{tp}} = K_a \tag{5-6}$$

式中：

K_a —— 驱动器的放大倍数。

由以上公式能够看出，当力矩电机驱动器的输入电压小于或等于最大电压时，可以认为其相当于比例环节，处于线性状态，当力矩电机驱动器的输入电压大于或等于最大输入电压时，其输出具有饱和特性。

本书所研究的实验台，每个轴上有两组电机，分别为直流无刷电机和交流同步电机。

直流无刷电机主要由电动机本体、位置传感器、电子开关线路三部分组成。当定子绕组的某一相通电时，该电流与转子永久磁钢的磁极所产生的磁场相互作用而产生的转矩，驱动转子旋转，再由位置传感器将转子磁钢位置变换成电信号，去控制电子开关电路，从而使定子各相绕组按一定顺序导通，定子相电流随转子位置的变化而按一定的次序换相，由于电子开关线路的导通次序是与转子转角同步的，起到了机械换向器的换相作用[60]。

一方面，交流同步电机的原理为定子绕组通三相交流电后，电枢绕组切割磁感线而产生感应电流，进而带动转子旋转，另一方面，绕组的导通规则使其产生的磁场也是旋转的，因此可以带动转子改变受力方向而持续运动。此外因电机转子的旋转速度与定子产生磁场的旋转速度一致，所以被冠以同步的名称。按照定子绕组感应电动势的不同，交流同步电机可以分为正弦波同步电机和梯形波同步电机[61]。

无刷直流电机去掉了接触式换向器与电刷并引入自控式智能换向装置，它的结构与交流同步电机非常相似，它们的电压平衡方程、电磁力矩方程、转矩平衡方程等机理数学关系则完全相同。由于机理框图是由上述方程推导得出的，所以可使用同一类框图对交流同步电机与直流无刷电机进行机理法分析，获取框图的过程如下。

(1) 电枢回路电压平衡方程。

由克希荷夫定律可得，在任何一个闭合回路中，各元件上的电压降的代数和等于电动势的代数和，即从一点出发绕回路一周回到该点时，各段电压的代数和恒等于零。电机电枢回路电压平衡方程为

$$U = L\frac{\mathrm{d}i}{\mathrm{d}t} + Ri + E \tag{5-7}$$

式中：

U ——电枢回路中输入的电压；

i ——电枢回路中产生的电流；

R ——电枢电路的电阻；

L ——电枢电路的电感；

E ——电枢旋转时产生的反电动势。

对上式进行拉普拉斯变换可得

$$U(s) = Ri(s) + sLi(s) + E \tag{5-8}$$

在电机工作时，其电流变化稳定，其电感两端电压近为零，所以电压平衡方程可简化为

$$U = Ri + E \tag{5-9}$$

(2) 电枢反电动势方程。

由法拉第电磁感应定律可知导体垂直切割磁力线时导体内将产生感生电动势。其大小与切割磁感线导体长度，运动速度及磁场强度成正比。假设电机平均磁场强度为 B_{av}，则电机运行时电枢产生的感生电动势为

$$e_{av} = B_{av}lv \tag{5-10}$$

式中：

l —— 电枢导体切割磁感线有效长度；

v —— 导体垂直切割磁感线速度。

又有

$$v = 2\pi \frac{n}{60} \tag{5-11}$$

$$\Phi = B_{av}l\tau \tag{5-12}$$

$$\tau = \frac{2\pi}{2p} \tag{5-13}$$

式中：

p —— 磁极对数；

τ —— 每极极距宽度。

代入式(5-3)可得

$$e_{av} = 2p\Phi\frac{n}{60} \tag{5-14}$$

假设电枢总导体数为 N，支路对数为 a，则电枢反电势为

$$E = \frac{N}{2a}e_{av} = \frac{pN}{60a}\Phi n = K_e\omega(t) \tag{5-15}$$

式中：

K_e —— 反电动势系数；

ω —— 电机旋转角速度。

(3) 电磁转矩方程。

通过安培定理以及法拉第电磁感应定律可推导出电枢绕组在磁场中所产生的电磁转矩公式：

$$T_E = \frac{N}{2a}B_{av}li = \frac{p\tau N}{2\pi a}\Phi i = K_T i \tag{5-16}$$

式中：

T_E —— 电磁转矩；

K_T —— 电动机转矩系数 $(\text{N}\cdot\text{m/A})$；

i —— 电枢绕组中的电流。

显而易见，电枢绕组所产生的电磁力矩与其内部所产生的电流成正比。将其拉普拉斯变换后得

$$T_E(s) = K_T i(s) \tag{5-17}$$

将式(5-15)、式(5-16)代入式(5-9)，可以得到力矩电机的力矩方程为

$$M = \frac{K_T}{R}(U - K_e\omega) \tag{5-18}$$

(4) 转矩平衡方程。

电机在工作时其轴上的转矩是平衡的，电机轴由电磁转矩提供动力并受到由电机惯量因电机加减速运行而产生的惯性力矩 T_J、电机自身产生的空载转矩 T_k 以及电机拖动的负载产生的反作用负载转矩 T_m，其转矩平衡方程为

$$T_E = T_J + T_m + T_k \tag{5-19}$$

式(5-19)说明了电机轴的受力平衡情况，我们可以观察得出电机轴的功率传递是有损耗的，具体表现为负载转矩略小于电磁转矩，电枢绕组产生的电磁功率被摩擦、磁滞以及铁心涡流等损耗掉了。我们习惯上将这些损耗统计到空载转矩当中。此外，空载转矩通过经验、理论分析以及测试可以得出其大小与电机转速成正比，如下式所示：

$$T_k = B_m\omega \tag{5-20}$$

式中：

T_k —— 电机的空载转矩；

B_m —— 受力点的黏性摩擦系数；

ω —— 电机角速度。

将上式进行拉普拉斯变换得

$$T_k(s) = B_m\omega(s) \tag{5-21}$$

同时，我们还必须要考虑到电机在正常运行时，由于转子自身的转动惯量而

在加减速的过程当中产生的惯性转矩的影响，其表达式如下：

$$T_J = J\frac{\mathrm{d}\omega}{\mathrm{d}t} \tag{5-22}$$

式中：

T_J —— 电机的惯性转矩；

J —— 折算到受力点的转动惯量。

将上式进行拉普拉斯变换得

$$T_J(s) = sJ\omega(s) \tag{5-23}$$

将式(5-22)和式(5-20)代入式(5-19)即可得到新的电机平衡方程

$$T_{en} = J\frac{\mathrm{d}\omega}{\mathrm{d}t} + B_m\omega + T_m \tag{5-24}$$

将上式进行拉普拉斯变换得

$$T_{en}(s) = sJ\omega(s) + B_m\omega(s) + T_m(s) \tag{5-25}$$

将上述公式合并可得电机的传递函数为

$$\frac{\omega(s)}{U(s)} = \frac{1}{\dfrac{LJ}{K_T}S^2 + \dfrac{RJ + B_mL}{K_T}S + \dfrac{RB_mK_{ef}}{K_T} + K_{ef}} \tag{5-26}$$

在使用机理法建模的过程中，我们需要用到很多电机参数，包括：电枢绕组的电阻、电感、反电动势系数、电磁转矩系数、轴上总转动惯量、电机黏性摩擦系数等。所使用的电机选型如表 5-1 所示，电机参数如表 5-2 所示。

表 5-1　电机选型表

位置	直流力矩电机	交流伺服电机
内框	110LYX01F	ECMA-CA0604RS
中框	110LYX01F	ECMA-CA0604RS
外框	110LYX05F	ECMA-CA0807RS
底框	110LYX05F	ECMA-CA0807RS

表 5-2　电机参数表

参数	选型			
	110LYX01F	110LYX05F	ECMA-CA0604RS	ECMA-CA0807RS
R/Ω	3.2	2.7	1.55	0.42
L/H	0.0029	0.0024	0.00671	0.00353
$K_{ef}/[\mathrm{V}\cdot(\mathrm{rad}\cdot\mathrm{s}^{-1})^{-1}]$	0.4774	0.7639	0.16624	0.16433
$K_T/(\mathrm{N}\cdot\mathrm{m/A})$	0.378	0.628	0.49	0.47

电机的大部分参数都可由说明书获得，但是有两个参数需要根据实际情况，通过计算或辨识得到，分别是折算到电机输出轴上的转动惯量和折算到电机输出轴上的黏性摩擦系数 B_m。

电机传递函数公式(5-26)中出现的转动惯量 J，包括了负载转动惯量、减速机构的转动惯量以及电机的转动惯量，并且都是经过齿轮变速换算后，折算到电机的输出轴上的总转动惯量。转动惯量与电机的加速运动紧密相连，电机的启停及加速或减速到稳态阶段的过程，都受到转动惯量的影响[62]。转动惯量可通过辨识和理论计算得到，这里我们先通过理论计算得到，并与后文系统辨识得到的进行对比验证。

在本系统中，在每个轴的两端各安装了一个电机，它们各自相对于彼此的负载，可通过说明书直接得到两个电机的转动惯量。负载转动惯量是指针对该轴上除电机之外的工件和框架的转动惯量，对于负载转动惯量和减速机构转动惯量，无法直接获取，本书将使用 SolidWorks 软件通过计算得到，转台各组成部分的质量密度均按照实物的质量密度设置，使用软件即可计算得到每个负载部分的转动惯量。

经过计算后汇总如表 5-3 和表 5-4 所示。

表 5-3　直流无刷电机转动惯量表

位置	直流电机转动惯量	负载转动惯量	输出侧齿轮转动惯量
滚转轴	2.39×10^{-3}	2.1427×10^{-3}	0
俯仰轴	2.39×10^{-3}	0.17821	1.3×10^{-5}
偏航轴	4.49×10^{-3}	0.52733	2.4×10^{-5}
平移轴	4.49×10^{-3}	5.1988×10^{-5}	0

表 5-4　交流伺服电机转动惯量表

位置	伺服电机转动惯量	负载的总转动惯量	输出侧齿轮转动惯量
滚转轴	2.81×10^{-5}	2.1427×10^{-3}	0
俯仰轴	2.81×10^{-5}	0.17821	4.9×10^{-6}
偏航轴	1.09×10^{-4}	0.52733	3.7×10^{-5}
平移轴	1.09×10^{-4}	5.1988×10^{-5}	0

在表格中给出了各轴负载的转动惯量、各电机的转动惯量，以及减速机构(齿轮)的转动惯量，再经过减速比换算，折算到最终的电机输出轴。

由动能守恒定理可知

$$E = \frac{1}{2J\omega^2} \tag{5-27}$$

式中：

E —— 动能；

J —— 转动惯量；

ω —— 角速度。

那么，对于经过了减速机构后，有

$$J_1\omega_1^2 = J_1\omega_2^2 \tag{5-28}$$

所以，转动惯量之比，就等于角速度平方的反比，也即减速比平方的反比，即

$$\frac{J_1}{J_2} = \left(\frac{\omega_2}{\omega_1}\right)^2 = \left(\frac{Z_2}{Z_1}\right)^2 \tag{5-29}$$

式中：

$\dfrac{Z_2}{Z_1}$ —— 减速齿轮比。

综上可以得到将所有转动惯量折算到某一电机输出轴上的转动惯量的公式

$$J = J_0\left(\frac{Z_1}{Z_2}\right)^2 + (J_1+J_2)\left(\frac{Z_1}{Z_3}\right)^2 + J_3 + J_4 \tag{5-30}$$

式中：

J —— 折算到电机输出轴上的转动惯量；

J_0 —— 负载转动惯量；

J_1 —— 另一端电机侧齿轮转动惯量；

J_2 —— 另一端电机转动惯量；

J_3 —— 驱动电机侧齿轮转动惯量；

J_4 —— 驱动电机转动惯量；

Z_1 —— 驱动电机侧齿轮；

Z_2 —— 负载侧齿轮；

Z_3 —— 另一端电机侧齿轮。

以中框为例，转动惯量组成示意图如图 5-6 所示。

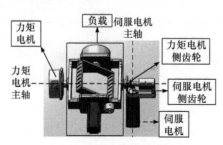

图 5-6　转动惯量组成示意图

外框(平移轴)采用了水平直线移动轴，两电机间是通过丝杠连接的，与其他稍有不同，水平框的负载转动惯量计算公式如下：

$$J_L = M(P/2\pi)^2 + J_g \tag{5-31}$$

式中：

M —— 负载质量；

P —— 丝杠节距；

J_g —— 丝杠转动惯量。

则最后计算后,得到的将所有转动惯量折算到电机输出轴的转动惯量如表 5-5 和表 5-6 所示。

表 5-5　直流无刷电机折算转动惯量

电机位置	转动惯量/(kg·m²)	Z_1/Z_2	Z_1/Z_3
滚转轴	0.0011	1	1
俯仰轴	0.1806	1	2/1
偏航轴	0.0260	1/5	7/5
平移轴	0.0104	1	1

表 5-6　交流伺服电机折算转动惯量

电机位置	转动惯量/(kg·m²)	Z_1/Z_2	Z_1/Z_3
滚转轴	0.0011	1	1
俯仰轴	0.0451	1/2	1/2
偏航轴	0.0101	1/8	5/8
平移轴	0.0104	1	1

力矩电机使用直流无刷力矩电机，通过前面的分析可知驱动器相当于比例环节，其控制结构如图 5-7 所示。

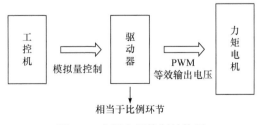

图 5-7　力矩电机控制结构图

通过上文对力矩电机的本体分析，根据力矩电机结构，画出对应的模型框图如图 5-8 所示。

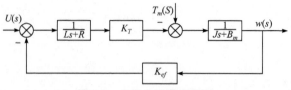

图 5-8　力矩电机模型框图

由于外框转动惯量较大，外框力矩电机加入了减速齿轮，减速比为 5∶1。根据上节得出的力矩方程(5-18)，代入表 5-2 中参数，则实验台滚转、俯仰、偏航三个轴的力矩电机的力矩方程分别为

$$M_{X_r} = \frac{0.378}{3.2}(U_r - 0.4774\dot{\alpha})$$

$$M_{Y_p} = \frac{0.378}{3.2}(U_p - 0.4774\dot{\beta}) \tag{5-32}$$

$$M_{Z_y} = 5 \times \frac{0.628}{2.7}(U_y - 0.7639\dot{\gamma})$$

将力矩电机模型和驱动器模型结合实验台力矩电机的整体模型为

$$\frac{w(s)}{U(s)} = \frac{K_a}{\frac{LJ}{K_T}S^2 + \frac{RJ + B_m L}{K_T}S + \frac{RB_m K_{ef}}{K_T} + K_{ef}} \tag{5-33}$$

伺服电机控制结构如图 5-9 所示。伺服驱动器采用电机的配套产品，内部已经完成集成电路形式的伺服控制闭环，包含有电流环、速度环和位置环。

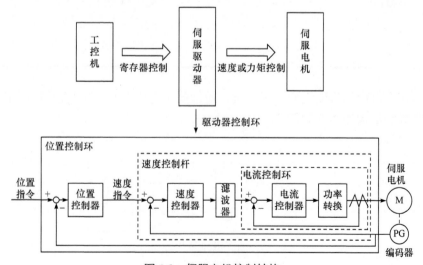

图 5-9　伺服电机控制结构

在本书中，通过配置寄存器使伺服电机驱动器工作在力矩模式下，由于其内部控制器较为精准，计算机控制系统发送的控制量等于加载在转动轴上的力矩。针对交流伺服电机的整体模型，将在下文中采用辨识建模的方法辨识其就从力矩指令输入到角速度输出的数学模型。

5.2.3 最小二乘辨识法建模

设时不变的单 SISO 动态系统的数学模型为[63]

$$A(z^{-1})y(k) = B(z^{-1})u(k) + e(k) \qquad (5\text{-}34)$$

式中的关键函数可展开如下：

$$A(z^{-1}) = 1 + a_1 z^{-1} + \cdots + a_n z^{-n} \qquad (5\text{-}35)$$

$$B(z^{-1}) = b_0 + b_1 z^{-1} + \cdots + b_n z^{-n} \qquad (5\text{-}36)$$

假设系统的输入输出为 $\{u(k)\}$、$\{y(k)\}$，现对参数 a_i、b_i 的值进行计算，其中 $i = 0 \sim n$。

首先将系统的数学模型转换成最小二乘格式：

$$y(k) = \varphi^{\mathrm{T}}(k)\theta + e(k) \qquad (5\text{-}37)$$

其中

$$\begin{cases} \varphi(k) = [-y(k-1) \cdots -y(k-n) u(k-1) \cdots u(k-n)]^{\mathrm{T}} \\ \theta = [a_1 \ a_2 \ \cdots a_n \ b_0 \ b_1 \ \cdots b_n]^{\mathrm{T}} \end{cases} \qquad (5\text{-}38)$$

令 $k = n+1, \cdots, n+N$，进行 N 次观测，则有

$$Y = \begin{bmatrix} y(n+1) & y(n+2) & \cdots & y(n+N) \end{bmatrix}^{\mathrm{T}}$$
$$e = \begin{bmatrix} e(n+1) & e(n+2) & \cdots & e(n+N) \end{bmatrix}^{\mathrm{T}} \qquad (5\text{-}39)$$

$$\Phi = \begin{bmatrix} -y(n) & \cdots & -y(1) & u(n+1) & \cdots & u(1) \\ -y(n+1) & \cdots & -y(2) & u(n+2) & \cdots & u(2) \\ \vdots & & \vdots & \vdots & & \vdots \\ -y(n+N+1) & \cdots & -y(N) & u(n+N) & \cdots & u(N) \end{bmatrix}$$

可得如下公式：

$$Y = \Phi\phi + e \qquad (5\text{-}40)$$

针对模型式(5-37)的辨识问题，式中 $\{y(k)\}$、$\{\varphi(k)\}$ 都是能够观测到的数据，θ 是待估计参数。引入最小二乘准则

$$J = \sum_{k=n}^{N} \hat{e}^2(k) \qquad (5\text{-}41)$$

其中

$$\hat{e}(k) = y(k) + \hat{a}_1 y(k-1) + \cdots + \hat{a}_n y(k-n) - \hat{b}_0 u(k) - \hat{b}_1 u(k-1) - \cdots - \hat{b}_n u(k-n) \qquad (5\text{-}42)$$

$\hat{e}(k)$ 是一个随机过程，即残差。由式(5-37)可得

$$\hat{e}(k) = y(k) - \varphi^{\mathrm{T}}(k)\hat{\theta} = \varphi^{\mathrm{T}}(k)\theta + e(k) - \varphi^{\mathrm{T}}(k)\hat{\theta} = \varphi^{\mathrm{T}}(k)(\theta - \hat{\theta}) + e(k) \qquad (5\text{-}43)$$

由上式可知，残差 $\hat{e}(k)$ 中存在两个误差：参数估计产生的拟合误差、随机噪声造成的噪声误差。

最小二乘估计是在残差二乘方准则函数极小意义下的最优估计，其准则函数如下式：

$$J = \hat{e}^{\mathrm{T}}\hat{e} = (Y - \Phi\hat{\theta})^{\mathrm{T}}(Y - \Phi\hat{\theta}) = \min \qquad (5\text{-}44)$$

然后利用准则函数推导出估计值 $\hat{\theta}$，再求 J 对其的偏导数并令它为零，则可得如下公式：

$$\frac{\partial J}{\partial \hat{\theta}} = \frac{\partial}{\partial \hat{\theta}}(Y - \Phi\hat{\theta}) = \Phi^{\mathrm{T}}(Y - \Phi\hat{\theta}) - \Phi^{\mathrm{T}}(Y - \Phi\hat{\theta}) = 0 \qquad (5\text{-}45)$$

即

$$\Phi^{\mathrm{T}}\Phi\hat{\theta} = \Phi^{\mathrm{T}}Y \qquad (5\text{-}46)$$

当 $\Phi^{\mathrm{T}}\Phi$ 非奇异时可得

$$\hat{\theta}_{\mathrm{LS}} = (\Phi^{\mathrm{T}}\Phi)^{-1}\Phi^{\mathrm{T}}Y \qquad (5\text{-}47)$$

此时 $\hat{\theta}_{\mathrm{LS}}$ 称为最小二乘估计值，这种辨识方法被称为最小二乘辨识法。

在上面的基础上，将准则函数取为加权函数，如下式所示：

$$J = \sum_{k=n}^{N} \omega(k) \left[y(k) - \varphi^{\mathrm{T}}(k)\theta \right]^2 = \hat{e}^{\mathrm{T}}W\hat{e} \qquad (5\text{-}48)$$

式中，$\omega(k)$ 为加权因子，且 k、$\omega(k)$ 必须为正数。

通过上述公式进行 $\hat{\theta}_{\mathrm{WLS}}$ 计算的方法被称为加权最小二乘法，$\hat{\theta}_{\mathrm{WLS}}$ 被称为加权最小二乘估计值，其解为

$$\hat{\theta}_{\mathrm{WLS}} = (\Phi^{\mathrm{T}}W\Phi)^{-1}\Phi^{\mathrm{T}}WY \qquad (5\text{-}49)$$

式中，W 为对称正定阵，令 $W = I$，则 $\hat{\theta}_{\mathrm{WLS}} = \hat{\theta}_{\mathrm{LS}}$，所以最小二乘法可以看做是加权最小二乘法的特例。在进行了一批数据采集之后，利用上式能对相应的参数估计值进行一次性求解，此求解方法被称为加权最小二乘辨识的一次完成算法。

一次完成算法对 $\Phi^{\mathrm{T}}W\Phi$ 有严格要求，$\Phi^{\mathrm{T}}W\Phi$ 必须是可逆的正则矩阵，在这过程中，输入信号必须为 $2n$ 阶持续激励信号，这是其求解的充分必要条件，所以选择系统激励信号时需要进行专门的设计[64]。

Ident 工具箱中有对辨识结果进行评价的参数：确定系数 R-Square。它代表输出输入信号代表的真实被控对象和辨识得到的数学模型间的拟合程度，计算公式如下式：

$$R\text{-Square} = \frac{\displaystyle\sum_{i=1}^{n}(\hat{y}_i - \overline{y}_i)^2}{\displaystyle\sum_{i=1}^{n}(y_i - \overline{y}_i)^2} \tag{5-50}$$

其中：

$\hat{y}$ —— 传递函数的预测数据；

y —— 输入输出原始数据。

R-Square 的取值范围为 $0 \sim 1$，准确度越高则数值越大。

无偏性是一个衡量最小二乘估计值的重要统计指标[65]，它的数学期望即是参数的真实值，即

$$E(\hat{\theta}) = \theta \tag{5-51}$$

式中：

θ —— 参数真实值。

上节中模型式(5-37)参数 θ 的加权最小二乘估计值为

$$\hat{\theta}_{\text{WLS}} = (\boldsymbol{\Phi}^{\text{T}} W \boldsymbol{\Phi})^{-1} \boldsymbol{\Phi}^{\text{T}} W Y \tag{5-52}$$

若模型式(5-40)中噪声向量 e 的均值为零，并且 e 和 $\boldsymbol{\Phi}$ 是统计独立的，则说明加权最小二乘估计值 $\hat{\theta}_{\text{WLS}}$ 为无偏估计量，此时当噪声项 $\{e(k)\}$ 为白噪声序列时，最小二乘估计值 $\hat{\theta}_{\text{WLS}}$ 具有无偏性。但是在实际情况中，一般应用的噪声项 $\{e(k)\}$ 为有色噪声序列，因此最小二乘估计值 $\hat{\theta}_{\text{WLS}}$ 是有偏估计[66]。

在上述情况下，获得无偏估计量可以通过选择加权阵 W 来进行。在加权最小二乘法的基础上，选择加权阵 W，即

$$W = Z \cdot Z^{\text{T}} \tag{5-53}$$

式中，加权阵 W 是正定对称阵；Z 被称为辅助变量矩阵，Z 中的元素被称为辅助变量。目标函数如下式：

$$J = \hat{e}^{\text{T}} W \hat{e} \tag{5-54}$$

则可得加权最小二乘估计如下式：

$$\hat{\theta}_{\text{WLS}} = \left(\boldsymbol{\Phi}^{\text{T}} Z \cdot Z^{\text{T}} \boldsymbol{\Phi}\right)^{-1} \boldsymbol{\Phi}^{\text{T}} Z \cdot Z^{\text{T}} Y \tag{5-55}$$

当 $\dfrac{1}{N} = \boldsymbol{\Phi}^{\text{T}} Z$ 非奇异，可得估计值

$$\hat{\theta}_{\text{IV}} = (Z^{\text{T}} \varPhi)^{-1} Z^{\text{T}} Y \tag{5-56}$$

或

$$\hat{\theta}_{\text{IV}} = (Z^{\text{T}} \varPhi)^{-1} Z^{\text{T}} (\varPhi \theta + e) = \theta + (Z^{\text{T}} \varPhi)^{-1} Z^{\text{T}} e \tag{5-57}$$

式(5-57)中估计值 $\hat{\theta}_{\text{IV}}$ 渐进无偏的条件是：

(1) $\displaystyle \lim_{N \to \infty} \frac{1}{N} Z^{\text{T}} \varPhi$ 是非奇异阵；

(2) $\displaystyle \lim_{N \to \infty} \frac{1}{N} Z^{\text{T}} e = 0$ ， Z 与 e 独立。

所以，我们只要选择合适的辅助变量矩阵 Z ，使其能够满足上述两个条件，就能得到辅助变量参数估计值，即

$$\hat{\theta}_{\text{IV}} \xrightarrow{N \to \infty} \theta \tag{5-58}$$

式中：

$\hat{\theta}_{\text{IV}}$ —— 辅助变量参数估计值，并且 $\hat{\theta}_{\text{IV}}$ 为无偏估计。

上面提到的两个条件要求选择辅助变量矩阵 Z 时要和噪声 $e(k)$ 不相关，但是要满足 $u(k)$ 和 $\varPhi$ 中的 $y(k)$ 紧密相关的条件。因此，在本书中使用递推辅助变量参数估计法，辅助变量选择 $\hat{y}(k)(k = 1, 2, \cdots, n + N - 1)$ ，其中 $\hat{y}(k)$ 是辅助模型。

$$\hat{y} = Z \hat{\theta} \tag{5-59}$$

辅助变量矩阵 Z 为

$$Z = \begin{bmatrix} \hat{\psi}_1^{\text{T}} \\ \hat{\psi}_2^{\text{T}} \\ \vdots \\ \hat{\psi}_N^{\text{T}} \end{bmatrix} = \begin{bmatrix} -\hat{y}(n) & \cdots & -\hat{y}(1) \, u(n+1) & \cdots & u(1) \\ -\hat{y}(n+1) & \cdots & -\hat{y}(2) \, u(n+2) & \cdots & u(2) \\ \vdots & & \vdots & & \vdots \\ -\hat{y}(n+N-1) & \cdots & -\hat{y}(N) \, u(n+N) & \cdots & u(N) \end{bmatrix} \tag{5-60}$$

又有

$$\varPhi = \begin{bmatrix} \psi_1^{\text{T}} \\ \psi_2^{\text{T}} \\ \vdots \\ \psi_N^{\text{T}} \end{bmatrix} = \begin{bmatrix} -y(n) & \cdots & -y(1) \, u(n+1) & \cdots & u(1) \\ -y(n+1) & \cdots & -y(2) \, u(n+2) & \cdots & u(2) \\ \vdots & & \vdots & & \vdots \\ -y(n+N-1) & \cdots & -y(N) \, u(n+N) & \cdots & u(N) \end{bmatrix} \tag{5-61}$$

则

$$\frac{1}{N} Z^{\text{T}} \varPhi = \frac{1}{N} \sum_{k=1}^{N} \hat{\psi}_k \psi_k^{\text{T}} \xrightarrow[N \to \infty]{\text{w.p.1}} E\left\{ \hat{\psi}_k \psi_k^{\text{T}} \right\} \tag{5-62}$$

$$\frac{1}{N} Z^{\text{T}} e = \frac{1}{N} \sum_{k=1}^{N} \hat{\psi}_k e(n+k) \xrightarrow[N \to \infty]{\text{w.p.1}} E\left\{ \hat{\psi}_k e(n+k) \right\} \tag{5-63}$$

当 $u(k)$ 为持续激励信号时，$E\left\{\hat{\psi}_k\psi_k^{\mathrm{T}}\right\}$ 必定为非奇异矩阵，又因 $\hat{y}(k)$ 只和 $u(k)$ 有关，即 $\hat{\psi}_k$ 与噪声必定无关，因此有 $E\left\{\hat{\psi}_k e(n+k)\right\}=0$，进而满足了 $\hat{\theta}_{\mathrm{IV}}$ 是渐进无偏的两个必要条件。

式(5-59)中参数向量 $\hat{\theta}$ 中包含的元素即是需要进行辨识的参数，因此可使用最小二乘法先对其进行粗略估计，估计出粗略的 $\hat{\theta}$，然后将 $\hat{\theta}$ 回代入式(5-59)中，就能够得到 $\hat{y}(k)$。在得到 $\hat{y}(k)$ 后，根据式(5-60)对辅助变量矩阵 Z 进行构造，然后利用式(5-56)对辅助变量估计值 $\hat{\theta}_{\mathrm{IV}}$ 进行求取，再将 $\hat{\theta}_{\mathrm{IV}}$ 回代入式(5-56)中二次求出 $\hat{y}(k)$。重复上述步骤循环对辅助变量参数进行递推估计，直到能够得到满意的辨识结果结束，所描述的这种辨识方法被称为基于递推辅助变量的最小二乘辨识方法。

在系统辨识的过程中，由于最小二乘辨识法全部的已知信息均由输入信号和响应输出提供，而系统输入信号直接关系到系统的响应输出，所以激励信号的选取直接决定了被控对象能否被充分激励，决定了被控对象特性能否更多地在响应中体现，因此激励信号的选取决定了对最终辨识模型的准确度。在实际工程应用中，要求激励信号对系统的相关运动模态在辨识时间内能够充分激励，为模型辨识提供尽可能多的信息量。激励信号选取得越合适，所能提供的信息就越完备，最终辨识建模的准确度就越高[67]。激励信号的选取一般满足如下要求：

(1) 激励信号应对被控对象的饱和非线性区域尽可能避开；

(2) 激励信号所使用的采样频率应当和控制器采样频率一致；

(3) 激励信号提供的干扰信号的正负向应当大致均衡；

(4) 激励信号不能过小，这会使信号信噪比超标，影响辨识精度；

(5) 激励信号不能过于复杂难以实现，应当便于实现，成本低。

在本书中，将通过输入激励信号驱动转台各框架轴运动，对输出信号进行采样，并对采样到的信号进行平滑滤波处理、去均值等计算，再利用基于递推辅助变量的最小二乘辨识方法估计对应电机的关键参数值，最后建立实验台每个轴电机的数学模型。具体实现中，将使用 3211 信号对电机激励下的数据对其进行最小二乘法辨识，然后使用三角波信号对系统的非线性特性激励，再用正弦信号和 3211 信号对其进行交叉验证，最终获取到每个轴电机的准确数学模型和关键参数。

5.2.4　辨识法建模

在电机的整体控制过程中，所有的输入是从驱动器输入，电机参数输出反映在传感器反馈上，反馈参数包含电流、电压、角速度、角度、力矩等，在这其中可以节选参数作为输入输出，则可构成部分控制过程。根据上节的机理分析可以得到，直流力矩电机驱动器为比例环节，直流力矩电机的电压输入到角速度输出为二阶环节，其中包含了我们所需要的转动惯量及黏性摩擦系数关键参数，但由于其二阶模型无法直接获得参数具体数值，因此我们采用输入为力矩输出为角速度的一阶环节进行辨识建模，从中获取转动惯量和黏性摩擦系数等参数。针对交流伺服电机，由于其驱动器内部环节未知，因此采取辨识建模获取其整体模型。

在辨识建模过程中，我们使用多组不同信号进行激励取得电机响应，分别是3211 信号、阶跃信号、正弦信号、三角波信号。采集记录每组信号的输入数据，包含时间、电流、电压、角度、角速度、力矩等信息，将其转换为标准单位导入MATLAB 中进行处理，剔除其中存在异常的数据，对有效数据进行平滑滤波处理，然后截取其中最具代表性的数据用于模型的辨识。

本书中采用基于辅助变量的最小二乘辨识法，将处理后的多组有效数据作为输入输出辨识模型，针对直流力矩电机，得到力矩输入到角速度输出的数学模型，再结合机理模型得到整体数学模型，针对交流伺服电机，辨识得到其力矩指令输入到角速度输出的数学模型。本书中使用确定系数 R-Square 指标来表明辨识出的数学模型对实际实验输入输出数据的拟合程度。

首先，根据图 5-8 力矩电机模型框图，可知力矩电机的转矩角速度传递函数为

$$\frac{\omega(s)}{T(s)} = \frac{1}{Js + B_m} \tag{5-64}$$

可通过辨识建模的方法获取各轴的转动惯量，首先通过最小二乘辨识法辨识滚转轴、俯仰轴、偏航轴的转矩角速度模型如表 5-7 所示。

表 5-7　转矩角速度模型

位置	$\dfrac{\omega(s)}{T(s)}$	确定系数 R-Square
滚转轴	$\dfrac{1}{0.0346s + 0.0127}$	91.33%
俯仰轴	$\dfrac{1}{0.616s + 0.5534}$	90.96%
偏航轴	$\dfrac{1}{0.93849s + 0.643}$	92.42%

由此可以得到各轴的转动惯量参数和黏性摩擦系数如表 5-8 所示。

表 5-8　各轴黏性摩擦系数

位置	转动惯量	黏性摩擦系数 B_m /[N·m·(rad·s^{-1})$^{-1}$]
滚转轴	0.0346	0.0127
俯仰轴	0.616	0.5534
偏航轴	0.93849	0.643

　　从表 5-7 可以看出，通过辨识法建立的模型对应的 $R-Square$ 均在 90% 以上，有着较高的准确度，能够满足后续设计的需求。为了验证辨识数学模型准确性，在 Simulink 中进行仿真，所使用的输入为在阶跃电压下产生的力矩信号，各轴实验及仿真响应对比如图 5-10～图 5-12 所示。

　　将上节所提供的转动惯量和黏性摩擦系数代入式(5-33)，便可得到直流无刷电机的整体数学模型，各轴电机整体数学模型如表 5-9 所示。

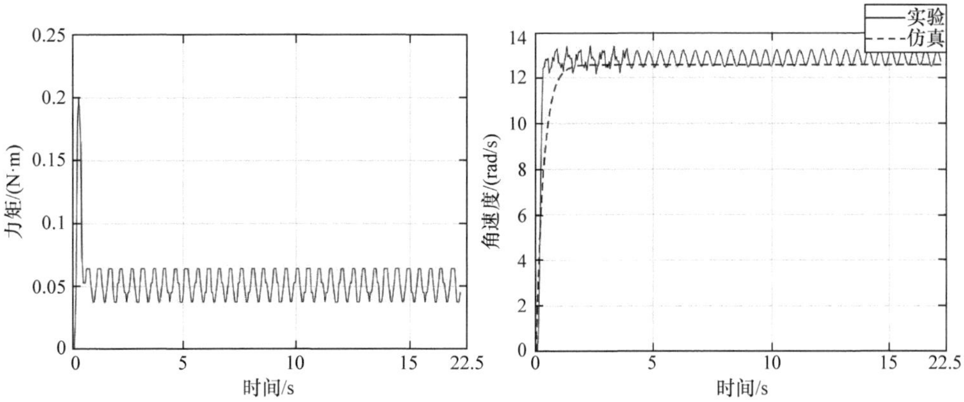

图 5-10　滚转轴力矩到角速度辨识结果对比

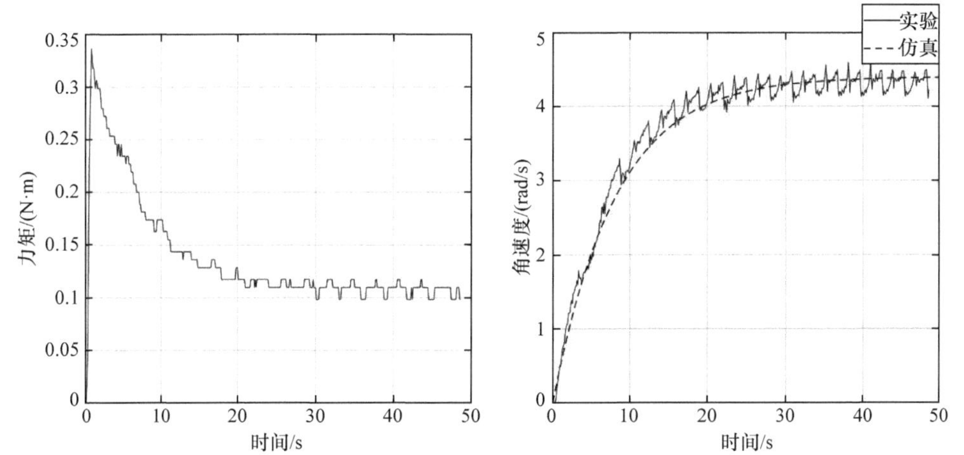

图 5-11　俯仰轴力矩到角速度辨识结果对比

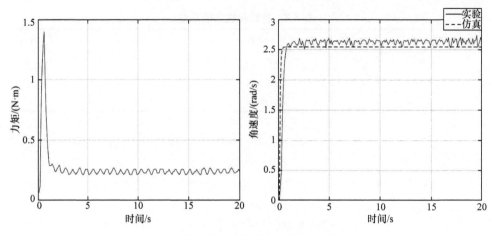

图 5-12　偏航轴力矩到角速度辨识结果对比

表 5-9　直流无刷电机整体模型

电机位置	数学模型
滚转轴	$\dfrac{C(s)}{R(s)} = \dfrac{1.663}{0.00000319s^2 + 0.00356s + 0.225}$
俯仰轴	$\dfrac{C(s)}{R(s)} = \dfrac{1.6821}{0.000589s^2 + 0.65s + 0.26}$
偏航轴	$\dfrac{C(s)}{R(s)} = \dfrac{2.638}{0.00012s^2 + 0.114s + 0.5931}$

　　为了验证最终所建立模型的准确性和可靠性，对仿真模型和实验台采用相同的激励信号对比其响应。滚转轴直流力矩电机、俯仰轴直流力矩电机与偏航轴直流力矩电机在正弦信号激励下的仿真和实验响应对比图如图 5-13、图 5-14和图 5-15 所示。

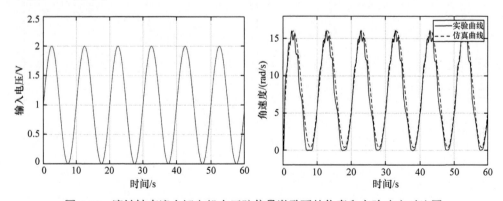

图 5-13　滚转轴直流力矩电机在正弦信号激励下的仿真和实验响应对比图

从图 5-13 可以看出滚转轴仿真与实验曲线基本一致,由于滚转轴转动惯量较小所以其角速度峰值较大,但由于反电动势及较大的摩擦力,速度很快下降归零。

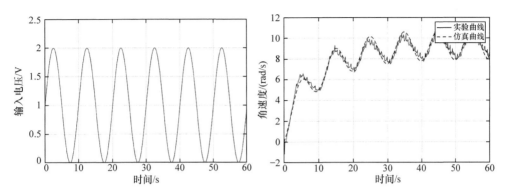

图 5-14　俯仰轴直流力矩电机在正弦信号激励下的仿真和实验响应对比图

从图 5-14 可以看出由于滚转轴转动惯量也较小所以其也可以达到较高的角速度,但由于其摩擦力较小,所以角速度在较高值随激励信号正弦变化。

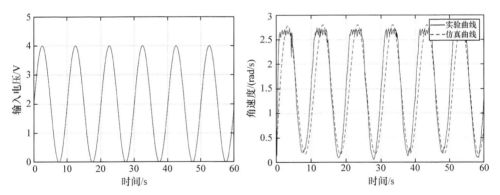

图 5-15　偏航轴直流力矩电机在正弦信号激励下的仿真和实验响应对比图

从图 5-15 可以看出偏航轴仿真与实验曲线基本一致,由于偏航轴转动惯量较大所以其达到的角速度峰值较小,由于反电动势及较大的摩擦力,角速度在一个周期内减小归零,随激励信号正弦变化。

通过滚转轴、俯仰轴、偏航轴力矩电机各自的模型仿真与实验数据对比曲线能够清楚地看出,最终建立的模型可以较好地拟合实验数据,模型在正弦激励信号的作用下,能够与相应信号激励的实验数据相吻合,通过对比验证了模型的准确性。

针对交流伺服电机,将其工作在力矩控制模式,由于其驱动器内部存在未知电流闭环控制,无法通过机理建模法建立准确数学模型,本书采用基于辅助变量的最小二乘辨识法进行交流伺服电机模型辨识,使用多组激励信号作为输入进行辨识,得到交流伺服电机的输入为力矩输出为角速度的数学模型,使用确定系数

R-Square 指标来表明辨识的拟合程度。

最终经过辨识得到各个框架轴交流伺服电机从驱动器的力矩输入到电机角速度输出的传递函数模型及模型的确定系数如表 5-10 所示。

表 5-10　交流伺服电机辨识模型

电机位置	数学模型	确定系数 *R*-Square
滚转轴	$\dfrac{C(s)}{R(s)} = \dfrac{37.89}{s^2 + 20.84s + 56.52}$	86.82%
俯仰轴	$\dfrac{C(s)}{R(s)} = \dfrac{6.748}{s^2 + 73.21s + 9.117}$	82.33%
偏航轴	$\dfrac{C(s)}{R(s)} = \dfrac{2122}{s^2 + 12170s + 20210}$	81.76%

从表 5-10 可以看出，辨识得到的数学模型准确度都在 80% 以上，有着较高的准确度，能够满足后续控制系统设计的要求。为了进一步对数学模型进行准确性和可靠性验证，在 Simulink 中搭建模型进行仿真，对数学模型和实物施加相同信号激励，模型及实物对比响应如图 5-16～图 5-18 所示。

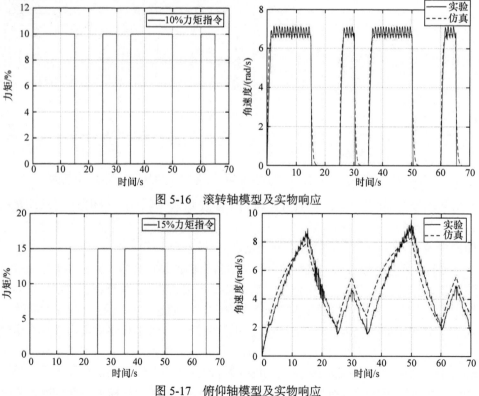

图 5-16　滚转轴模型及实物响应

图 5-17　俯仰轴模型及实物响应

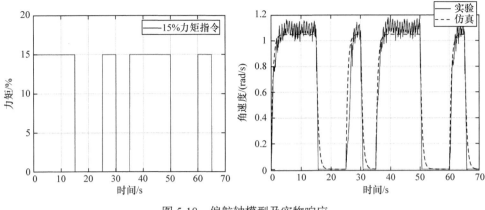

图 5-18　偏航轴模型及实物响应

5.3　实验台耦合及解耦研究

5.3.1　解耦概述

飞行器负载模拟器是通过每个轴上的电机来模拟飞行器飞行过程的实验设备，通过对每个轴的位置的控制可以实现对飞行器的速度、加速度等动态性能的模拟，通过对每个轴上加载力的控制实现对飞行器负载的模拟。通过这两种控制就实现了对飞行器姿态和动态性能的模拟。

在飞行器负载模拟器运行时，滚转轴、俯仰轴、偏航轴共同运动实现对飞行器在三维空间坐标系的运动，然而在共同运动过程中会产生耦合的影响，包含了转动惯量耦合及动力学耦合。转动惯量耦合是指在运动过程中，各轴转动惯量受其他轴运动角度影响而变化；动力学耦合是指运动过程中的陀螺效应。耦合的存在会对系统控制性能产生很大的影响，为了提高系统的控制性能和精度，建立系统的整体耦合数学模型并对其进行分析尤为重要。

5.3.2　转台动力学建模

飞行器在飞行过程中，可以看做是一个刚体在三维空间中的运动，可以通过滚转、俯仰、偏航来进行描述。三轴转台组成了一个三轴坐标系，通过每个轴伺服电机的位置控制，可以模拟飞行器在飞行过程中的姿态，通过每个轴的力矩电机的力矩控制，可以模拟飞行器在飞行过程中所受阻力的情况。

实验转台采用的 U-O-O 结构，其结构如图 5-19 所示，包含内、中、外三个框组成，分别表示滚转、俯仰、偏航，大地坐标系为 $X_gY_gZ_g$。每个框都可以绕其轴进行 360° 旋转，在旋转过程中其运动不是独立的，因此存在强耦合关系。为了实现对转台更精准的控制，需要建立坐标系分析其耦合关系，得到其矢量、角速度、惯量耦合关系，建立转台数学模型进行解耦控制[68]。

转台系统的坐标系图 5-20 所示，假设以基台建立大地坐标系 $OX_gY_gZ_g$ ，外框(偏航 yawing)建立坐标系表示为 $OX_yY_yZ_y$ ，中框(俯仰 pitching)建立坐标系表示为 $OX_pY_pZ_p$ ，内框(滚转 rolling)建立坐标系表示为 $OX_rY_rZ_r$ 。假设外框相对于基台绕其轴 OZ_y 转动的角度为 γ ，角速度为 $\dot{\gamma}$ ；中框相对于基台绕其轴 OY_p 转动的角度为 β ，角速度为 $\dot{\beta}$ ；内框相对于基台绕其轴 OX_r 转动的角度为 α ，角速度为 $\dot{\alpha}$ 。

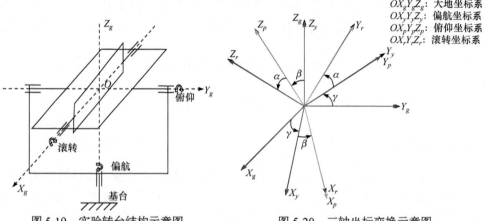

$OX_gY_gZ_g$：大地坐标系
$OX_yY_yZ_y$：偏航坐标系
$OX_pY_pZ_p$：俯仰坐标系
$OX_rY_rZ_r$：滚转坐标系

图 5-19　实验转台结构示意图　　　　图 5-20　三轴坐标变换示意图

设 P_{gy} 为大地坐标系到偏航坐标系的转移矩阵，设 P_{yp} 为偏航坐标系到俯仰坐标系的转移矩阵，设 P_{pr} 为俯仰坐标系到滚转坐标系的转移矩阵。由图 5-20 可知，各轴间坐标系的转换关系如下。

大地坐标系到偏航坐标系的转换关系：

$$\begin{bmatrix} X_y \\ Y_y \\ Z_y \end{bmatrix} = P_{gy}\begin{bmatrix} X_g \\ Y_g \\ Z_g \end{bmatrix} = \begin{bmatrix} \cos\gamma & \sin\gamma & 0 \\ -\sin\gamma & \cos\gamma & 0 \\ 0 & 0 & 1 \end{bmatrix}\begin{bmatrix} X_g \\ Y_g \\ Z_g \end{bmatrix} \tag{5-65}$$

偏航坐标系到俯仰坐标系的转换关系：

$$\begin{bmatrix} X_p \\ Y_p \\ Z_p \end{bmatrix} = P_{yp}\begin{bmatrix} X_y \\ Y_y \\ Z_y \end{bmatrix} = \begin{bmatrix} \cos\beta & 0 & -\sin\beta \\ 0 & 1 & 0 \\ \sin\beta & 0 & \cos\beta \end{bmatrix}\begin{bmatrix} X_y \\ Y_y \\ Z_y \end{bmatrix} \tag{5-66}$$

俯仰坐标系到滚转坐标系的转换关系：

$$\begin{bmatrix} X_r \\ Y_r \\ Z_r \end{bmatrix} = P_{pr}\begin{bmatrix} X_p \\ Y_p \\ Z_p \end{bmatrix} = \begin{bmatrix} 1 & 0 & 0 \\ 0 & \cos\alpha & \sin\alpha \\ 0 & -\sin\alpha & \cos\alpha \end{bmatrix}\begin{bmatrix} X_p \\ Y_p \\ Z_p \end{bmatrix} \tag{5-67}$$

设 P_{gp} 为大地坐标系到俯仰坐标系的转移矩阵，设 P_{gr} 为大地坐标系到滚转坐标系的转移矩阵，则各轴间坐标系的转换关系如下。

大地坐标系到俯仰坐标系的转换关系：

$$\begin{bmatrix} X_p \\ Y_p \\ Z_p \end{bmatrix} = P_{gp} \begin{bmatrix} X_g \\ Y_g \\ Z_g \end{bmatrix} = P_{yp} P_{gy} \begin{bmatrix} X_g \\ Y_g \\ Z_g \end{bmatrix}$$

$$= \begin{bmatrix} \cos\beta\cos\gamma & \cos\beta\sin\gamma & -\sin\beta \\ -\sin\gamma & \cos\gamma & 0 \\ \sin\beta\cos\gamma & \sin\beta\sin\gamma & \cos\beta \end{bmatrix} \begin{bmatrix} X_g \\ Y_g \\ Z_g \end{bmatrix} \tag{5-68}$$

大地坐标系到滚转坐标系的转换关系：

$$\begin{bmatrix} X_r \\ Y_r \\ Z_r \end{bmatrix} = P_{gr} \begin{bmatrix} X_g \\ Y_g \\ Z_g \end{bmatrix} = P_{pr} P_{yp} P_{gy} \begin{bmatrix} X_g \\ Y_g \\ Z_g \end{bmatrix}$$

$$= \begin{bmatrix} \cos\gamma\cos\beta & \sin\gamma\cos\beta & -\sin\beta \\ -\sin\gamma\cos\alpha + \cos\gamma\sin\beta\sin\alpha & \cos\gamma\cos\alpha + \sin\gamma\sin\beta\sin\alpha & \cos\beta\sin\alpha \\ \sin\gamma\sin\alpha + \cos\gamma\sin\beta\cos\alpha & -\cos\gamma\sin\alpha + \sin\gamma\sin\beta\cos\alpha & \cos\beta\cos\alpha \end{bmatrix} \begin{bmatrix} X_g \\ Y_g \\ Z_g \end{bmatrix}$$

$$\tag{5-69}$$

在三轴转台运动过程中，滚转轴相对于大地坐标系速度矢量受俯仰和偏航轴影响，俯仰轴相对于大地坐标系速度矢量受偏航轴影响，各轴间角速度存在耦合关系，需要对其进行分析[69]。设滚转轴绕其轴 OX_r 旋转相对于俯仰坐标系的速度矢量为 $\omega_{rr} = (\omega_{x_{rr}} \quad \omega_{y_{rr}} \quad \omega_{z_{rr}})^T$，俯仰轴绕其轴 OY_p 相对于偏航坐标系的速度矢量为 $\omega_{pp} = (\omega_{x_{pp}} \quad \omega_{y_{pp}} \quad \omega_{z_{pp}})^T$，偏航轴绕其轴 OZ_y 相对于大地坐标系的速度矢量为 $\omega_{yy} = (\omega_{x_{yy}} \quad \omega_{y_{yy}} \quad \omega_{z_{yy}})^T$，根据图 5-20 可得

$$\omega_{rr} = (\dot{\alpha} \quad 0 \quad 0)^T$$
$$\omega_{pp} = (0 \quad \dot{\beta} \quad 0)^T \tag{5-70}$$
$$\omega_{yy} = (0 \quad 0 \quad \dot{\gamma})^T$$

设滚转轴相对于大地坐标系的速度矢量为 ω_r，俯仰轴相对于大地坐标系的速度矢量为 ω_p，偏航轴相对于大地坐标系的速度矢量为 ω_y，则

$$\omega_y = \omega_{yy} = (0 \quad 0 \quad \dot{\gamma})^T \tag{5-71}$$

当偏航轴相对于大地坐标系以 $\dot{\gamma}$ 角速度转动，引起俯仰轴相对于大地坐标系的速度矢量为

$$\omega_{pg} = P_{gp}\omega_y = \begin{bmatrix} -\dot{\gamma}\sin\beta \\ 0 \\ \dot{\gamma}\cos\beta \end{bmatrix} \tag{5-72}$$

当偏航轴相对于大地坐标系以 $\dot{\gamma}$ 角速度转动，俯仰轴相对偏航坐标系以 $\dot{\beta}$ 角速度转动，根据矢量叠加原理，得到俯仰轴相对于大地坐标系的总速度矢量和为

$$\omega_p = \omega_{py} + \omega_{pp} = \begin{bmatrix} -\dot{\gamma}\sin\beta \\ \dot{\beta} \\ \dot{\gamma}\cos\beta \end{bmatrix} \tag{5-73}$$

当偏航轴相对于大地坐标系以 $\dot{\gamma}$ 角速度转动，引起滚转轴相对于大地坐标系的速度矢量为

$$\omega_{ry} = P_{gr}\omega_y = \begin{bmatrix} -\dot{\gamma}\sin\beta \\ \dot{\gamma}\sin\alpha\cos\beta \\ \dot{\gamma}\cos\beta\cos\alpha \end{bmatrix} \tag{5-74}$$

当偏航轴不动，俯仰轴相对于偏航轴坐标系以 $\dot{\beta}$ 角速度转动，引起滚转轴相对于大地坐标系的速度矢量为

$$\omega_{rp} = P_{gr}\omega_p = \begin{bmatrix} 0 \\ \dot{\beta}\cos\alpha \\ -\dot{\beta}\sin\alpha \end{bmatrix} \tag{5-75}$$

当偏航轴相对于大地坐标系以 $\dot{\gamma}$ 角速度转动，俯仰轴相对于偏航轴坐标系以 $\dot{\beta}$ 角速度转动，引起滚转轴相对于大地坐标系的速度矢量为

$$\omega_r = \omega_{ry} + \omega_{rp} + \omega_{rr} = \begin{bmatrix} -\dot{\gamma}\sin\beta + \alpha \\ \dot{\gamma}\sin\alpha\cos\beta + \dot{\beta}\cos\alpha \\ \dot{\gamma}\cos\beta\cos\alpha - \dot{\beta}\sin\alpha \end{bmatrix} \tag{5-76}$$

至此，得到了三个轴相对于大地坐标系的速度矢量和。

设滚转、俯仰、偏航轴相对于自身的转动惯量矩阵分别为 J_r、J_p、J_y，对角线元素是其相对于自身 OX、OY、OZ 轴的转动惯量。

$$J_r = \begin{bmatrix} J_{x_r} & 0 & 0 \\ 0 & J_{y_r} & 0 \\ 0 & 0 & J_{z_r} \end{bmatrix}, \quad J_p = \begin{bmatrix} J_{x_p} & 0 & 0 \\ 0 & J_{y_p} & 0 \\ 0 & 0 & J_{z_p} \end{bmatrix}, \quad J_y = \begin{bmatrix} J_{x_y} & 0 & 0 \\ 0 & J_{y_y} & 0 \\ 0 & 0 & J_{z_y} \end{bmatrix} \tag{5-77}$$

滚转轴相对于滚转轴坐标系的 OX_r 轴的转动惯量为

$$J_{OX_r} = J_{x_r} \tag{5-78}$$

滚转轴相对于俯仰轴的转动惯量矩阵为

$$
\begin{aligned}
J_{rp} &= P_{rp} J_r P_{rp}^{-1} \\
&= \begin{bmatrix}
J_{x_r} & 0 & 0 \\
0 & J_{y_r} \cos^2 \alpha + J_{z_r} \sin^2 \alpha & (J_{y_r} - J_{z_r}) \cos \alpha \sin \alpha \\
0 & (J_{y_r} - J_{z_r}) \cos \alpha \sin \alpha & J_{y_r} \sin^2 \alpha + J_{z_r} \cos^2 \alpha
\end{bmatrix}
\end{aligned}
\tag{5-79}
$$

滚转轴相对于俯仰坐标系的 OY_p 轴的转动惯量为

$$J_{y_{rp}} = J_{y_r} \cos^2 \alpha + J_{z_r} \sin^2 \alpha \tag{5-80}$$

根据矢量叠加原理，求得俯仰轴(包含滚转轴)相对于其轴 OY_p 的转动惯量为

$$J_{OY_p} = J_{y_{rp}} + J_{y_p} = J_{y_p} + J_{y_r} \cos^2 \alpha + J_{z_r} \sin^2 \alpha \tag{5-81}$$

滚转轴相对于偏航轴坐标系的转动惯量矩阵为

$$
\begin{aligned}
& J_{ry} = P_{ry} J_r P_{ry}^{-1} \\
& = \begin{bmatrix}
J_{x_r} \cos^2 \beta + J_{y_r} \sin^2 \alpha \sin^2 \beta + J_{z_r} \cos^2 \alpha \sin^2 \beta & (J_{y_r} - J_{z_r}) \sin \alpha \cos \alpha \sin \beta \\
(J_{y_r} - J_{z_r}) \cos \alpha \sin \alpha \sin \beta & J_{y_r} \cos^2 \alpha + J_{z_r} \sin^2 \alpha \\
(-J_{x_r} + J_{y_r} \sin^2 \alpha + J_{z_r} \cos^2 \alpha) \sin \beta \cos \beta & (J_{y_r} + J_{z_r}) \cos \alpha \sin \alpha \cos \beta
\end{bmatrix}
\end{aligned}
$$

$$
\begin{aligned}
& \begin{matrix}
(-J_{x_r} + J_{y_r} \sin^2 \alpha + J_{z_r} \cos^2 \alpha) \sin \beta \cos \beta \\
(J_{y_r} - J_{z_r}) \cos \alpha \sin \alpha \cos \beta \\
J_{x_r} \sin^2 \beta + J_{y_r} \sin^2 \alpha \cos^2 \beta + J_{z_r} \cos^2 \alpha \cos^2 \beta
\end{matrix}
\end{aligned}
\tag{5-82}
$$

滚转轴相对于偏航坐标系的 OZ_y 轴的转动惯量为

$$J_{z_{ry}} = J_{x_r} \sin^2 \beta + J_{y_r} \sin^2 \alpha \cos^2 \beta + J_{z_r} \cos^2 \alpha \cos^2 \beta \tag{5-83}$$

俯仰轴(不包含滚转轴)相对于偏航轴坐标系的转动惯量矩阵为

$$
\begin{aligned}
J_{py} &= P_{py} J_p P_{py}^{-1} \\
&= \begin{bmatrix}
J_{x_p} \cos^2 \beta + J_{z_p} \sin^2 \beta & 0 & (J_{z_p} - J_{x_p}) \sin \beta \cos \beta \\
0 & J_{y_p} & 0 \\
(J_{z_p} - J_{x_p}) \sin \beta \cos \beta & 0 & J_{x_p} \sin^2 \beta + J_{z_p} \cos^2 \beta
\end{bmatrix}
\end{aligned}
\tag{5-84}
$$

俯仰轴(不包含滚转轴)相对于偏航轴坐标系的 OZ_y 轴转动惯量矩阵为

$$J_{z_{py}} = J_{x_p}\sin^2\beta + J_{z_p}\cos^2\beta \tag{5-85}$$

根据矢量叠加原理，求得偏航轴(包含俯仰轴、滚转轴)相对于偏航轴坐标系的OZ_y轴转动惯量为

$$J_{OZ_y} = J_{z_y} + J_{z_{py}} + J_{z_{ry}}$$

$$= J_{z_y} + J_{x_p}\sin^2\beta + J_{z_p}\cos^2\beta + J_{x_r}\sin^2\beta + J_{y_r}\sin^2\alpha\cos^2\beta + J_{z_r}\cos^2\alpha\cos^2\beta \tag{5-86}$$

5.3.3　飞行器负载模拟器动力学方程

刚体在旋转过程中，$\vec{H}$为动量矩，根据哥氏定理，$\vec{H}$的绝对变换率[70]：

$$\vec{H} = H_x\vec{i} + H_y\vec{j} + H_z\vec{k} = J_x\omega_x\vec{i} + J_y\omega_y\vec{j} + J_z\omega_z\vec{k}$$

$$\frac{\mathrm{d}\vec{H}}{\mathrm{d}t} = \frac{\partial\vec{H}}{\partial t} + \vec{\omega}\times\vec{H} \tag{5-87}$$

$$= \frac{\mathrm{d}H_x}{\mathrm{d}t}\vec{i} + \frac{\mathrm{d}H_y}{\mathrm{d}t}\vec{j} + \frac{\mathrm{d}H_z}{\mathrm{d}t}\vec{k} + \begin{bmatrix} i & j & k \\ \omega_x & \omega_y & \omega_z \\ H_x & H_y & H_z \end{bmatrix}$$

设$\vec{M} = (M_x \quad M_y \quad M_z)^{\mathrm{T}}$为刚体所受合力矩，根据动量矩定理，动力学方程为$\mathrm{d}\vec{H}/\mathrm{d}t = \vec{M}$，可得

$$\begin{cases} M_x = J_x\dfrac{\mathrm{d}\omega_x}{\mathrm{d}t} + (J_z - J_y)\omega_y\omega_z \\[2mm] M_y = J_y\dfrac{\mathrm{d}\omega_y}{\mathrm{d}t} + (J_x - J_z)\omega_x\omega_z \\[2mm] M_z = J_z\dfrac{\mathrm{d}\omega_z}{\mathrm{d}t} + (J_y - J_x)\omega_x\omega_y \end{cases} \tag{5-88}$$

设滚转轴、俯仰轴、偏航轴所受力矩矢量分别为：$\vec{M}_r$、$\vec{M}_p$、$\vec{M}_y$。将上节转动惯量和角速度公式代入求得

$$\vec{M}_r = (M_{x_r} \quad M_{y_r} \quad M_{z_r})^{\mathrm{T}}$$

$$= \begin{bmatrix} J_{x_r}(\ddot{\alpha} - \ddot{\gamma}\sin\beta - \dot{\gamma}\dot{\beta}\cos\beta) + (J_{z_r} - J_{y_r})(\dot{\gamma}\sin\alpha\sin\beta + \dot{\beta}\cos\alpha)(\dot{\gamma}\cos\alpha\cos\beta - \dot{\beta}\sin\alpha) \\ J_{y_r}(\ddot{\gamma}\sin\alpha\cos\beta + \dot{\gamma}\dot{\alpha}\cos\alpha\sin\beta - \dot{\beta}\dot{\gamma}\sin\alpha\sin\beta + \ddot{\beta}\cos\alpha - \dot{\alpha}\dot{\beta}\sin\alpha) \\ + (J_{x_r} - J_{z_r})(\dot{\alpha} - \dot{\gamma}\sin\beta)(\dot{\gamma}\cos\alpha\cos\beta - \dot{\beta}\sin\alpha) \\ J_{z_r}(\ddot{\gamma}\cos\alpha\cos\beta - \dot{\gamma}\dot{\alpha}\sin\alpha\cos\beta - \dot{\beta}\dot{\gamma}\cos\alpha\sin\beta - \ddot{\beta}\sin\alpha - \dot{\alpha}\dot{\beta}\cos\alpha) \\ + (J_{y_r} - J_{x_r})(\dot{\alpha} - \dot{\gamma}\sin\beta)(\dot{\gamma}\sin\alpha\cos\alpha + \dot{\beta}\cos\alpha) \end{bmatrix}$$

$$\vec{M}_p = \begin{pmatrix} M_{x_p} & M_{y_p} & M_{z_p} \end{pmatrix}^{\mathrm{T}}$$

$$= \begin{bmatrix} J_{x_p}(-\ddot{\gamma}\sin\beta - \dot{\beta}\dot{\gamma}\cos\beta) + (J_{z_p} - J_{y_p})\dot{\beta}\dot{\gamma}\cos\beta \\ J_{y_p}\ddot{\beta} - (J_{x_p} - J_{z_p})\dot{\gamma}^2\sin\beta\cos\beta \\ J_{z_p}(\ddot{\gamma}\cos\beta - \dot{\beta}\dot{\gamma}\sin\beta) - (J_{y_p} - J_{x_p})\dot{\beta}\dot{\gamma}\sin\beta \end{bmatrix} \tag{5-89}$$

$$\vec{M}_y = \begin{pmatrix} M_{x_y} & M_{y_y} & M_{z_y} \end{pmatrix}^{\mathrm{T}}$$

$$= \begin{bmatrix} 0 \\ 0 \\ J_{z_y}\ddot{\gamma} \end{bmatrix}$$

由于滚转轴和俯仰轴是关于 OX 轴对称，可得 $J_{z_r} = J_{y_r}$，$J_{z_p} = J_{y_p}$，可对上式进行简化，其中：$M_{x_r} = J_{x_r}(\ddot{\alpha} - \ddot{\gamma}\sin\beta - \dot{\gamma}\dot{\beta}\cos\beta)$，$M_{x_p} = J_{x_p}(-\ddot{\gamma}\sin\beta - \dot{\beta}\dot{\gamma}\cos\beta)$。

设滚转轴力矩矢量在俯仰轴坐标系上的投影为 $\vec{M}_{rp}$，俯仰轴力矩矢量在偏航轴坐标系上的投影为 $\vec{M}_{py}$，滚转轴力矩矢量在偏航轴坐标系上的投影为 $\vec{M}_{ry}$，则

$$\vec{M}_{rp} = \begin{pmatrix} M_{x_{rp}} & M_{y_{rp}} & M_{z_{rp}} \end{pmatrix}^{\mathrm{T}}$$

$$= P_{rp}^{-1}M_r$$

$$= \begin{bmatrix} M_{x_r} \\ \cos\alpha M_{y_r} + \sin\alpha M_{z_r} \\ -\sin\alpha M_{y_r} + \cos\alpha M_{z_r} \end{bmatrix}$$

$$\vec{M}_{py} = \begin{pmatrix} M_{x_{py}} & M_{y_{py}} & M_{z_{py}} \end{pmatrix}^{\mathrm{T}}$$

$$= P_{py}^{-1}M_p$$

$$= \begin{bmatrix} \cos\beta M_{x_p} - \sin\beta M_{z_p} \\ M_{y_p} \\ \sin\beta M_{x_p} + \cos\beta M_{z_p} \end{bmatrix}$$

$$\vec{M}_{ry} = \begin{pmatrix} M_{x_{ry}} & M_{y_{ry}} & M_{z_{ry}} \end{pmatrix}^{\mathrm{T}}$$

$$= P_{ry}^{-1}M_r$$

$$= (P_{py}P_{rp})^{-1}M_r$$

$$= \begin{bmatrix} \cos\beta M_{x_r} + \sin\alpha\sin\beta M_{y_r} - \cos\alpha\sin\beta M_{z_r} \\ \cos\alpha M_{y_r} + \sin\alpha M_{z_r} \\ \sin\beta M_{x_r} - \sin\alpha\cos\beta M_{y_r} + \cos\alpha\cos\beta M_{z_r} \end{bmatrix} \tag{5-90}$$

滚转轴电机作用于其 OX_r 轴上的力矩为 M_{X_r}，俯仰轴电机作用于其 OY_p 轴上的力矩为 M_{Y_p}，偏航轴电机作用于其 OZ_y 轴上的力矩为 M_{Z_y}。根据矢量叠加原理，可以求得

$$M_{X_r} = M_{x_r} = \ddot{\alpha} J_{OX_r} - \ddot{\gamma} \sin \beta J_{OX_r} - \dot{\gamma}\dot{\beta}\cos \beta J_{OX_r}$$

$$M_{Y_p} = M_{y_p} + M_{y_{rp}}$$

$$= M_{y_p} + \cos \alpha M_{y_r} + \sin \alpha M_{z_r}$$

$$= \ddot{\beta} J_{OY_p} + \dot{\alpha}\dot{\gamma} J_{x_r} \cos \beta$$

$$+ \dot{\gamma}^2 [(J_{z_p} - J_{x_p})\sin \beta \cos \beta - J_{x_r} \sin \beta \cos \beta + (J_{y_r} \sin^2 \alpha + J_{z_r} \cos^2 \alpha)\sin \beta \cos \beta]$$

$$M_{Z_y} = M_{z_y} + M_{z_{ry}} + M_{z_{py}}$$

$$= M_{z_y} + \sin \beta M_{x_r} - \sin \alpha \cos \beta M_{y_r} + \cos \alpha \cos \beta M_{z_r} + \sin \beta M_{x_p} + \cos \beta M_{z_p}$$

$$= \ddot{\gamma} J_{OZ_y} - \ddot{\alpha} J_{x_r} \sin \beta + \dot{\beta}\dot{\gamma}(2J_{x_r} - 2J_{y_r} + 2J_{x_p} - 2J_{z_p})\sin \beta \cos \beta - \dot{\alpha}\dot{\beta} J_{x_r} \cos \beta$$

$$(5\text{-}91)$$

将转动惯量参数代入动力学方程可得转台动力学方程数字形式：

$$M_{X_r} = 0.0346\ddot{\alpha} - 0.0346\ddot{\gamma}\sin \beta - 0.0346\dot{\gamma}\dot{\beta}\cos \beta$$

$$M_{Y_p} = 0.616\ddot{\beta} + 0.0346\dot{\alpha}\dot{\gamma}\cos \beta + 0.28951\dot{\gamma}^2 \sin \beta \cos \beta \qquad (5\text{-}92)$$

$$M_{Z_y} = 1.0832\ddot{\gamma} - 0.0346\ddot{\alpha}\sin \beta - 0.579\dot{\beta}\dot{\gamma}\sin \beta \cos \beta - 0.0346\dot{\alpha}\dot{\beta}\cos \beta$$

将电机力矩方程和转台动力学方程联立，并考虑黏性摩擦系数，可得控制对象微分方程。

电机力矩方程如下：

$$\frac{0.378}{3.2}(4.8U_r - 0.4774\dot{\alpha}) - 0.0127\dot{\alpha} = 0.0346\ddot{\alpha} - 0.0346\ddot{\gamma}\sin \beta - 0.0346\dot{\gamma}\dot{\beta}\cos \beta$$

$$\frac{0.378}{3.2}(4.8U_p - 0.4774\dot{\beta}) - 0.5534\dot{\beta} = 0.616\ddot{\beta} + 0.0346\dot{\alpha}\dot{\gamma}\cos \beta + 0.28951\dot{\gamma}^2 \sin \beta \cos \beta$$

$$5 \times \frac{0.628}{2.7}(4.8U_y - 0.7639\dot{\gamma}) - 0.643\dot{\gamma} = 1.0832\ddot{\gamma} - 0.0346\ddot{\alpha}\sin \beta$$

$$- 0.579\dot{\beta}\dot{\gamma}\sin \beta \cos \beta - 0.0346\dot{\alpha}\dot{\beta}\cos \beta$$

$$(5\text{-}93)$$

简化后可得

$$\ddot{\alpha} = 16.387U_r - 1.995\dot{\alpha} + \ddot{\gamma}\sin \beta + \dot{\gamma}\dot{\beta}\cos \beta$$

$$\ddot{\beta} = 0.92U_p - 0.099\dot{\beta} - 0.05617\dot{\alpha}\dot{\gamma}\cos \beta - 0.469\dot{\gamma}^2 \sin \beta \cos \beta$$

$$\ddot{\gamma} = 0.89U_y - 1.1987\dot{\gamma} + 0.0319\ddot{\alpha}\sin \beta + 0.534\dot{\gamma}\sin \beta \cos \beta + 0.0319\dot{\alpha}\dot{\beta}\cos \beta$$

$$(5\text{-}94)$$

伺服电机工作在力矩模式，所以其控制力输出为力矩，控制对象微分方程为

$$M_r = 0.0346\ddot{\alpha} - 0.0346\ddot{\gamma}\sin\beta - 0.0346\dot{\gamma}\dot{\beta}\cos\beta$$

$$M_p = 0.616\ddot{\beta} + 0.0346\dot{\alpha}\dot{\gamma}\cos\beta + 0.28951\dot{\gamma}^2\sin\beta\cos\beta \qquad (5\text{-}95)$$

$$M_y = 1.0832\ddot{\gamma} - 0.0346\ddot{\alpha}\sin\beta - 0.579\dot{\beta}\dot{\gamma}\sin\beta\cos\beta - 0.0346\dot{\alpha}\dot{\beta}\cos\beta$$

由此就得到了转台电机系统的全部微分方程，由于伺服电机驱动器存在电流闭环控制，其对输出力矩有补偿效果，能够一定程度上消除耦合的影响，因此下文中对耦合的研究主要针对直流电机进行速度和位置控制的情况。

对于多输入多输出系统，可以通过下面的方程来表达[71]：

$$s_1 : \begin{cases} \dot{x} = f(x) + g(x) \\ y = h(x) \end{cases} \qquad (5\text{-}96)$$

其中，$x \in R^{2m}$ 为状态向量，$y \in R^m$ 为输出向量，m 为系统的自由度。

针对飞行器负载模拟器系统，设

$$x = \begin{bmatrix} x_1 \\ x_2 \\ x_3 \\ x_4 \\ x_5 \\ x_6 \end{bmatrix} = \begin{bmatrix} \alpha \\ \dot{\alpha} \\ \beta \\ \dot{\beta} \\ \gamma \\ \dot{\gamma} \end{bmatrix} \quad f(x) = \begin{bmatrix} x_2 \\ f_1(x) \\ x_4 \\ f_2(x) \\ x_6 \\ f_3(x) \end{bmatrix} \qquad (5\text{-}97)$$

针对直流电机系统，将式(5-94)和式(5-95)中的控制对象微分方程进行变换：

$$\Sigma : \begin{bmatrix} \dot{x}_1 \\ \dot{x}_2 \\ \dot{x}_3 \\ \dot{x}_4 \\ \dot{x}_5 \\ \dot{x}_6 \end{bmatrix} = \begin{bmatrix} x_2 \\ 16.387M_r + x_4 x_6 \cos x_3 - 1.995x_2 + \dot{x}_6\sin\beta \\ x_4 \\ 0.92M_p - 0.05617x_2 x_6 \cos x_3 - 0.469x_6^2 \sin x_3 \cos x_3 - 0.099x_4 \\ x_6 \\ 0.534x_6\sin x_3\cos x_3 + 0.0319x_2 x_4\cos x_3 + 0.89M_y - 1.1987x_6 + 0.0319\dot{x}_2\sin\beta \end{bmatrix}$$

$$(5\text{-}98)$$

$$f(x) = \begin{bmatrix} x_2 \\ x_4 x_6 \cos x_3 - 1.995x_2 + \dot{x}_6\sin\beta \\ x_4 \\ 0.05617x_2 x_6 \cos x_3 - 0.469x_6^2 \sin x_3 \cos x_3 - 0.099x_4 \\ x_6 \\ 0.534x_6\sin x_3\cos x_3 + 0.0319x_2 x_4\cos x_3 - 1.1987x_6 + 0.0319\dot{x}_2\sin\beta \end{bmatrix}$$

$$(5\text{-}99)$$

$$g(x) = \begin{bmatrix} 0 & 0 & 0 \\ 16.387 & 0 & 0 \\ 0 & 0 & 0 \\ 0 & 0.92 & 0 \\ 0 & 0 & 0 \\ 0 & 0 & 0.89 \end{bmatrix} \tag{5-100}$$

$$u = \begin{bmatrix} M_r & M_p & M_y \end{bmatrix}^{\mathrm{T}} \tag{5-101}$$

$$y = \begin{bmatrix} x_1 & x_3 & x_5 \end{bmatrix}^{\mathrm{T}} \tag{5-102}$$

5.3.4 耦合模型仿真及验证

从状态方程中可以明显看出，转台是一个多输入多输出系统，并且各轴间存在强耦合关系。

我们使用仿真软件对转台进行仿真分析，观察其存在的耦合现象。根据 5.3.3 节求得的数学方程建立如图 5-21 的仿真模型，其具体结构如图 5-22 所示。

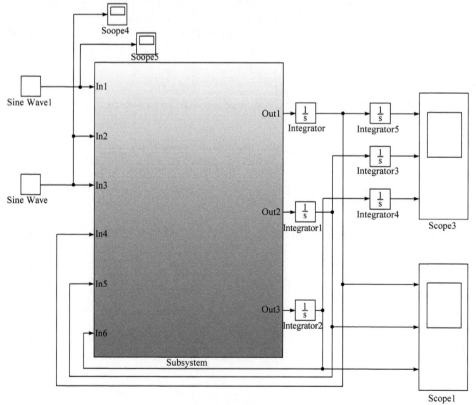

图 5-21　模型结构

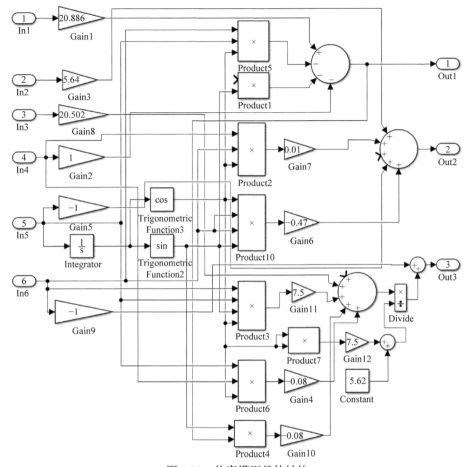

图 5-22　仿真模型具体结构

从数学公式和模型可以看出，两轴运动会对另一轴产生影响，因此我们将对两轴施加正弦力矩，观察另一轴产生的进动现象。

首先，考虑滚转轴(内框)受耦合情况。对俯仰轴和偏航轴施加正弦信号，由于滚转轴存在较大的启动力矩，对其施加恒定电压使其转动，并观察其受耦合情况，仿真和实验结果如图 5-23 所示。

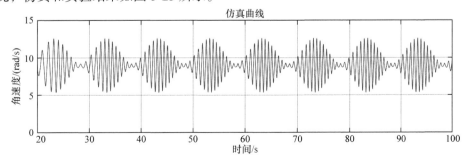

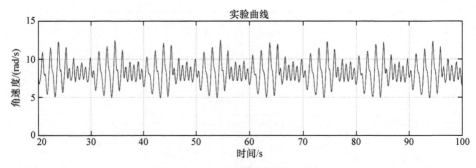

图 5-23　内框受耦合影响角速度

考虑俯仰轴(中框)受耦合情况，对滚转轴和偏航轴施加正弦信号，由于俯仰轴存在较大的启动力矩，对其施加恒定电压使其转动，并观察其受耦合情况，仿真和实验结果如图 5-24 所示。

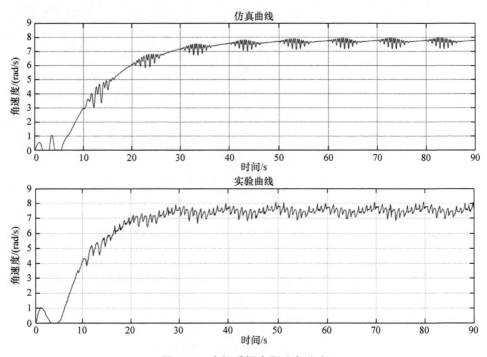

图 5-24　中框受耦合影响角速度

考虑偏航轴(外框)受耦合情况，对俯仰轴和偏航轴施加正弦信号，对偏航轴不施加信号使其静止，观察其受耦合影响情况，如图 5-25 所示。

考虑三轴联动的耦合情况，对三轴分别施加正弦信号，观察其耦合情况，如图 5-26 所示。

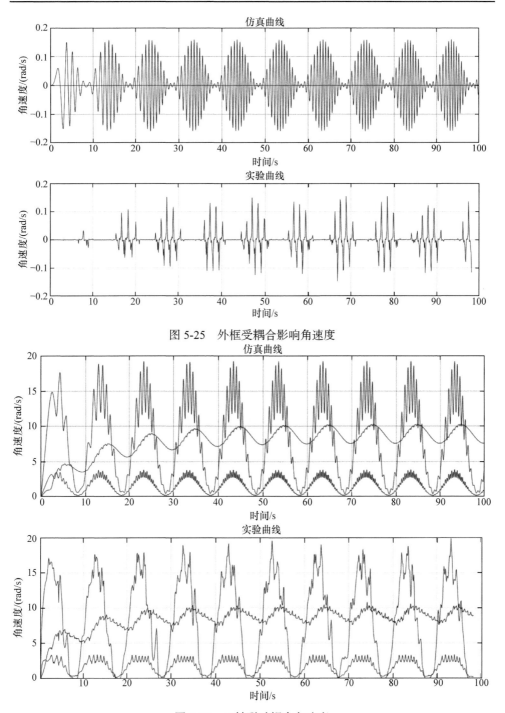

图 5-25　外框受耦合影响角速度

图 5-26　三轴联动耦合角速度

从上述仿真与实验数据可以看出，仿真与实验基本吻合，证明了模型的准确性。

5.3.5　解耦研究

系统各框架之间的耦合作用对控制精度有着严重影响，为了提高系统的控制精度和平稳度，对系统进行解耦十分重要。近些年来，各种解耦算法被不断提出，诸如状态空间反馈解耦、逆系统方法、鲁棒自适应法、基于李导数解耦、干扰观测器的重复控制等方法都在转台解耦中实现[72]。

为了实现解耦需要设计一个控制律，使得系统完全解耦，即系统的每个输出都被单独的输入控制，解耦示意如图 5-27 所示。

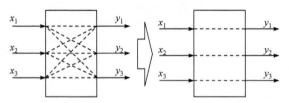

图 5-27　解耦示意图

一般的非线性系统可被描述为

$$\Sigma: \begin{cases} \dot{x} = f(x,u), & x(t_0) = x_0 \\ y = h(x,u) \end{cases} \tag{5-103}$$

其中，$x \in R^n$ 代表 Σ 的状态变量，$u \in R^m$ 代表 Σ 的输入向量，$y \in R^r$ 代表的输出向量，f 和 h 代表自变量 x 和 u 的解析函数向量。

若上式中的系统 Σ 经过状态反馈和动态补偿可以局部化为

$$g(y_i^{\alpha_i}, y_i^{\alpha_i-1}, \cdots, y_i) = \varphi_i, \quad i = 1,2,3,\cdots,r \tag{5-104}$$

则说明系统 Σ 是可解耦的，式(5-104)所表示的系统为式(5-103)所表示系统 Σ 的解耦子系统。

状态反馈解耦定理[73-76]：对于式(5-103)表示的系统 Σ，有 3 个等价命题如下：

(1) 系统 Σ 状态反馈可解耦。

(2) Σ 是可控的。

(3) 对于 $i = 1,2,\cdots,r$，设 q_i 为满足式(5-103)的最小整数，即

$$\begin{cases} \dfrac{\partial}{\partial u}[f^k h_i] \equiv 0, & k = 0,1,\cdots,q_i \\ \dfrac{\partial}{\partial u}[f^k h_i] \neq 0, & k = q_i \end{cases} \tag{5-105}$$

其中，$fh_i = \left[\dfrac{\partial h_i}{\partial x}\right]^{\mathrm{T}} f$，$f^k h_i = f(f^{k-1} h_i)$，可以得到

$$\begin{cases} q_i \leqslant n \\ \det\left[\dfrac{\partial}{\partial u}[f^q h_i] \right] \neq 0 \end{cases} \tag{5-106}$$

其中，$f^q h = \left[f^{q_2} h_1, f^{q_2} h_2, \cdots, f^{q_r} h_r \right]^{\mathrm{T}}$。

首先，我们通过解耦定理对系统 Σ 进行解耦性证明。

假设

$$\begin{bmatrix} y_1 \\ y_2 \\ y_3 \end{bmatrix} = \begin{bmatrix} x_1 \\ x_2 \\ x_3 \end{bmatrix} = \begin{bmatrix} h_1 \\ h_2 \\ h_3 \end{bmatrix}$$

$$f = \begin{bmatrix} f_1 \\ f_2 \\ f_3 \\ f_4 \\ f_5 \\ f_6 \end{bmatrix} = \begin{bmatrix} \dot{x}_1 \\ \dot{x}_2 \\ \dot{x}_3 \\ \dot{x}_4 \\ \dot{x}_5 \\ \dot{x}_6 \end{bmatrix} \tag{5-107}$$

针对式(5-98)～式(5-102)所表示的系统，对其进行二次求导，可得

$$fh_1 = \left[\frac{\partial h_1}{\partial x} \right]^{\mathrm{T}} f = \begin{bmatrix} 1 & 0 & 0 & 0 & 0 & 0 \end{bmatrix} f = \dot{x}_1 = x_2$$

$$\frac{\partial [fh_1]}{\partial u} \equiv 0 \tag{5-108}$$

$$f^2 h_1 = f(fh_1) = \left[\frac{\partial x_2}{\partial x} \right]^{\mathrm{T}} f = \begin{bmatrix} 0 & 1 & 0 & 0 & 0 & 0 \end{bmatrix} f = f_2 \tag{5-109}$$

$$= (16.387 M_r + x_4 x_6 \cos x_3 - 1.995 x_2 + \dot{x}_6 \sin \beta)$$

显然

$$\frac{\partial [f^2 h_1]}{\partial u} = \begin{bmatrix} 16.387 & 0 & 0 \end{bmatrix} \neq 0, \quad q_1 = 2 < n \tag{5-110}$$

同理

$$fh_2 = \left[\frac{\partial h_2}{\partial x} \right]^{\mathrm{T}} f = \begin{bmatrix} 0 & 0 & 1 & 0 & 0 & 0 \end{bmatrix} f = \dot{x}_3 = x_4 \tag{5-111}$$

$$f^2 h_2 = f(fh_2) = \left[\frac{\partial x_4}{\partial x} \right]^{\mathrm{T}} f = \begin{bmatrix} 0 & 0 & 0 & 1 & 0 & 0 \end{bmatrix} f = f_4 \tag{5-112}$$

$$= (0.92 M_p - 0.05617 x_2 x_6 \cos x_3 - 0.469 x_6^2 \sin x_3 \cos x_3 - 0.099 x_4)$$

显然

$$\frac{\partial[f^2 h_2]}{\partial u} = \begin{bmatrix} 0 & 0.92 & 0 \end{bmatrix} \neq 0, \quad q_2 = 2 < n \tag{5-113}$$

同理

$$fh_3 = \left[\frac{\partial h_3}{\partial x}\right]^{\mathrm{T}} f = \begin{bmatrix} 0 & 0 & 0 & 0 & 1 & 0 \end{bmatrix} f = \dot{x}_5 = x_6 \tag{5-114}$$

$$f^2 h_3 = f(fh_3) = \left[\frac{\partial x_6}{\partial x}\right]^{\mathrm{T}} f = \begin{bmatrix} 0 & 0 & 0 & 0 & 0 & 1 \end{bmatrix} f = f_6$$

$$= (0.534 x_6 \sin x_3 \cos x_3 + 0.0319 x_2 x_4 \cos x_3 + 0.89 M_y - 1.1987 x_6 + 0.0319 \dot{x}_2 \sin \beta)$$

$$\tag{5-115}$$

显然

$$\frac{\partial[f^2 h_3]}{\partial u} = \begin{bmatrix} 0 & 0 & 0.89 \end{bmatrix} \neq 0, \quad q_3 = 2 < n \tag{5-116}$$

综合上式可得

$$\det\left[\frac{\partial}{\partial u}\left(f^q h\right)\right] = \begin{vmatrix} 16.387 & 0 & 0 \\ 0 & 0.92 & 0 \\ 0 & 0 & 0.89 \end{vmatrix} \neq 0 \tag{5-117}$$

可以看出，系统满足解耦定理中(3)的要求，所以系统可控，是能够进行状态反馈和动态补偿解耦。

逆系统解耦是一种基于反馈线性化的控制方法，根据动态系统的可逆性进行非线性系统的控制器设计。其基本思路为：首先根据被控系统方程，建立被控对象的逆系统，将其作为控制律对原系统进行补偿控制，与原系统串联设计出具有线性函数关系的伪线性系统，再利用线性系统控制理论对其进行控制，从而达到解耦的目的[77-81]。其设计方法如下。

式(5-107)中输出方程 $y = h(x, u)$ 的展开式为

$$\begin{cases} y_1 = h_1(x, u) \\ y_2 = h_2(x, u) \\ \cdots \\ y_r = h_r(x, u) \end{cases} \tag{5-118}$$

对上式进行求导，分别求变量 $y_1, y_2, \cdots, y_r$ 对时间 t 的 $n_1, n_2, \cdots, n_r$ 阶导数，可以得到

$$\begin{cases} y_1^{n_1} = z_1(x,u) \\ y_2^{n_2} = z_2(x,u) \\ \quad\cdots \\ y_r^{n_r} = z_r(x,u) \end{cases} \tag{5-119}$$

其中，具体计算时，$n_i(1 \leqslant i \leqslant r)$ 的值由式(5-119)确定，在求导过程中 $1 \leqslant i \leqslant r$ 且 $\alpha_i < \infty$。系统 Σ 的输出 u 为 x 和 $y_1^{n_1}, y_1^{n_1}, \cdots, y_r^{n_r}$ 的函数，则式(5-119)的反函数显式表达式为

$$u = z^{-1}[x, y^n] \tag{5-120}$$

其中，$y^n \overset{\text{def}}{=} [y_1^{n_1}, y_2^{n_2}, \cdots, y_r^{n_r}]^{\mathrm{T}}$。将式(5-119)代入式(5-120)可以得到系统 Σ 的逆系统 Σ_*，表示为

$$\Sigma_*: \begin{cases} \dot{x} = f\left(x, z^{-1}[x,(y_1^{n_1}, y_2^{n_2}, \cdots, y_r^{n_r})]\right), x(t_0) = x_0 \\ u = z^{-1}\left[x,(y_1^{n_1}, y_2^{n_2}, \cdots, y_r^{n_r})\right] \end{cases} \tag{5-121}$$

5.3.6　解耦设计及验证

通过上述分析可知转台系统可解耦，现通过逆系统状态反馈法进行解耦，假设

$$\begin{cases} \varphi_1 = \dot{x}_2 / 16.387 \\ \varphi_2 = \dot{x}_4 / 0.92 \\ \varphi_3 = \dot{x}_4 / 0.92 \end{cases} \tag{5-122}$$

则状态反馈和动态补偿的输入为

$$\begin{cases} U_r = \varphi_1 + (x_4 x_6 \cos x_3 - 1.995 x_2 + \dot{x}_6 \sin x_3) / 16.387 \\ U_p = \varphi_2 + (-0.05617 x_2 x_6 \cos x_3 - 0.469 x_6^2 \sin x_3 \cos x_3 - 0.099 x_4) / 0.92 \\ U_y = \varphi_3 + (0.534 x_6 \sin x_3 \cos x_3 + 0.0319 x_2 x_4 \cos x_3 - 1.1987 x_6 + 0.0319 \dot{x}_2 \sin x_3) / 0.89 \end{cases}$$
$$\tag{5-123}$$

将式(5-123)串联入系统 Σ 前，作为动态补偿和状态反馈解耦网络，则将系统 Σ 变为 Σ_1，即

$$\Sigma_1: \begin{bmatrix} \dot{x}_1 \\ \dot{x}_2 \\ \dot{x}_3 \\ \dot{x}_4 \\ \dot{x}_5 \\ \dot{x}_6 \end{bmatrix} = \begin{bmatrix} x_2 \\ 16.387\varphi_1 \\ x_4 \\ 0.92\varphi_2 \\ x_6 \\ 0.89\varphi_3 \end{bmatrix} \tag{5-124}$$

$$y = \begin{bmatrix} y_1 \\ y_2 \\ y_3 \end{bmatrix} = \begin{bmatrix} x_1 \\ x_2 \\ x_3 \end{bmatrix} \tag{5-125}$$

$$u = \begin{bmatrix} \varphi_1 & \varphi_2 & \varphi_3 \end{bmatrix}^{\mathrm{T}} \tag{5-126}$$

也可将其表示成 Σ_2，即

$$
\begin{aligned}
&\Sigma_{2-1}: \begin{bmatrix} \dot{x}_1 \\ \dot{x}_2 \end{bmatrix} = \begin{bmatrix} 0 & 1 \\ 0 & 0 \end{bmatrix} \begin{bmatrix} x_1 \\ x_2 \end{bmatrix} + \begin{bmatrix} 0 \\ 16.387 \end{bmatrix} \varphi_1 \\
&\Sigma_{2-2}: \begin{bmatrix} \dot{x}_3 \\ \dot{x}_4 \end{bmatrix} = \begin{bmatrix} 0 & 1 \\ 0 & 0 \end{bmatrix} \begin{bmatrix} x_3 \\ x_4 \end{bmatrix} + \begin{bmatrix} 0 \\ 0.92 \end{bmatrix} \varphi_2 \\
&\Sigma_{2-3}: \begin{bmatrix} \dot{x}_5 \\ \dot{x}_6 \end{bmatrix} = \begin{bmatrix} 0 & 1 \\ 0 & 0 \end{bmatrix} \begin{bmatrix} x_5 \\ x_6 \end{bmatrix} + \begin{bmatrix} 0 \\ 0.89 \end{bmatrix} \varphi_3
\end{aligned} \tag{5-127}
$$

从上式可以看到，Σ_{2-1}、Σ_{2-2}、Σ_{2-3} 都是单输入单输出系统，系统 Σ 可以解耦为 3 个 SISO 系统，可以通过线性系统理论进行控制分析。

解耦后的系统框图如图 5-28 所示。

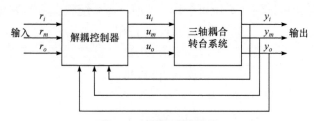

图 5-28　解耦系统框图

本节将使用仿真软件对解耦算法进行仿真，验证解耦效果。根据式(5-127)搭建转台系统和解耦控制器，解耦仿真框图如图 5-29 所示。

通过对比解耦前后的曲线来验证解耦效果，当滚转轴和俯仰轴输入电压 $U_{\mathrm{roll}} = 1\mathrm{V}$，$f = 0.1\mathrm{Hz}$ 的正弦信号，偏航轴输入 $U_{\mathrm{roll}} = 2\mathrm{V}$，$f = 0.1\mathrm{Hz}$ 的正弦信号，解耦前后仿真响应对比如图 5-30 所示。

为了进一步验证解耦算法的有效性，本书将解耦算法在工程实践中实现，通过实验进行验证。在实验中，滚转轴和俯仰轴输入电压 $U_{\mathrm{roll}} = 1\mathrm{V}$，$f = 0.1\mathrm{Hz}$ 的正弦信号，偏航轴输入 $U_{\mathrm{roll}} = 2\mathrm{V}$，$f = 0.1\mathrm{Hz}$ 的正弦信号，解耦前后的实际响应如图 5-31 所示。

通过上述仿真和实验可以得出结论，通过解耦算法解耦，实验台各轴之间的强耦合影响大幅度减小，解耦控制为后续的控制系统设计和分析打下了良好

的基础。

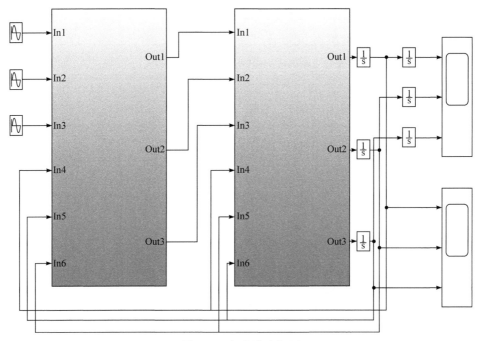

图 5-29　解耦仿真框图

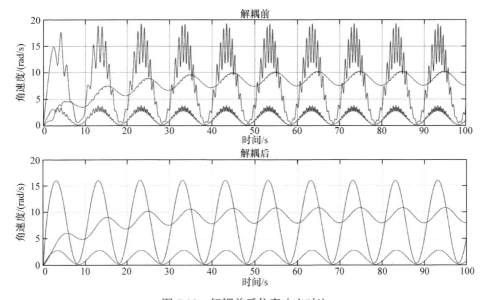

图 5-30　解耦前后仿真响应对比

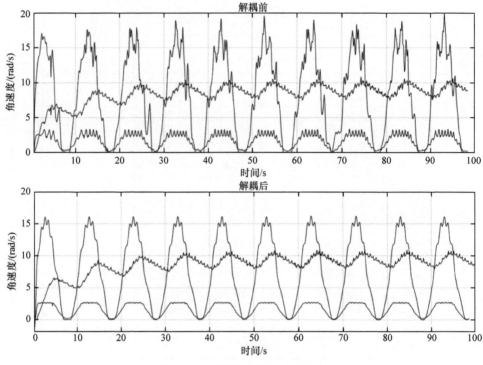

图 5-31　解耦前后实际响应对比

5.4　系统控制策略研究

5.4.1　概述

　　飞行器负载模拟器是进行飞行器半物理仿真实验的关键设备，它能够在地面模拟飞行器飞行过程中的姿态和动态特性，而高性能、高可靠性的控制系统是实现这些功能的基础。

　　飞行器负载模拟器的高精度、低速性能和动态特性都是其重要性能指标，其对实验台的仿真效果和被测设备精度及性能评定有着直接的影响。控制系统的精度及性能受多方面因素影响，包含测量传感器性能、系统结构和控制策略等。随着传感器技术的不断发展，测量元件性能和精度有了很大的提升，极大提升了控制系统的性能。控制策略是转台控制系统中的核心环节，经典的 PID 控制器被广泛地应用在各种控制系统中，随着对转台控制精度和性能的要求越来越高，各种针对转台运转特性的先进控制算法和改进控制策略不断被提出，由传统的 PID 控制算法、滑模变结构控制、模糊 PID 控制到各种智能控制算法如神经网络 PID、遗传算法等，应用和改进各种先进控制策略是提高转台控制系统精度和性能的重要手段[82-84]。

5.4.2　PID 控制器

串联 PID 校正通常也称为 PID(比例+积分+微分)控制，目前仍然是工业控制系统中最常用的一类控制算法。它利用系统误差、误差的微分和积分信号构成控制规律，对被控对象进行调节，具有实现方便、成本低、效果好、适用范围广等优点。PID 控制采用不同的组合，可以实现 PD、PI 和 PID 不同的校正方式，它能够有效降低乃至消除稳态误差并提升调节速度，此外 PID 算法的数字控制器借助代码也易于实现，降低了控制成本[85-88]。其控制系统典型结构如图 5-32 所示。

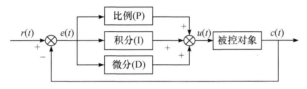

图 5-32　PID 控制器原理

PID 控制器的控制规律如下：

$$u(t) = K_\text{P}\left[e(t) + \frac{1}{T_\text{i}} \int_0^t e(t)\mathrm{d}t + T_\text{d}\frac{\mathrm{d}e(t)}{\mathrm{d}t} \right] \tag{5-128}$$

式中：

K_P —— 比例系数；

T_i —— 积分时间常数；

T_d —— 微分时间常数。

PID 控制器在工程控制系统中的实现是在计算机控制系统中完成的，所以必须离散化处理，才能在计算机上用程序实现。将连续时间 t 用一系列的采样时刻点 kT 来代表，以离散量的和近似积分环节，以离散量的增量近似微分环节，则可做以下的离散变换：

$$t \approx kT, \quad k = 0,1,2,\cdots \tag{5-129}$$

$$\int_0^t e(t)\mathrm{d}t \approx T\sum_{j=0}^{k} e(jT) = T\sum_{j=0}^{k} e(j) \tag{5-130}$$

$$\frac{\mathrm{d}e(t)}{\mathrm{d}t} \approx \frac{e(k) - e(k-1)}{T} \tag{5-131}$$

整理可得

$$u(k) = K_\text{P}e(k) + K_\text{I}\sum_{j=0}^{k} e(j)T + K_\text{D}\frac{e(k) - e(k-1)}{T} \tag{5-132}$$

式中：

$u(k)$　　——　第 k 次采样时刻控制器的输出值；

$e(k)$　　——　第 k 次采样时刻输入的偏差量；

$e(k-1)$ ——　第 $k-1$ 次采样时刻输入控制系统的偏差量；

K_P　　——　比例系数；

K_I　　——　积分系数；

K_D　　——　微分系数；

T　　　——　采样周期。

其中，PID 控制器的三个参数 K_P、K_I、K_D 的作用分别如下。

比例项：控制器的输出与输入误差信号成比例关系。其实就是对预设值和反馈值差值的放大倍数。主要影响了系统调节的快速性，加大比例项可以减少从非稳态到稳态的时间。

积分项：控制器的输出与输入误差信号的积分成正比关系。主要作用是消除系统的稳态误差，积分项会随着时间的增加而加大，它推动控制器的输出增大使稳态误差进一步减小，直到等于零。并且，积分项对预设值和反馈值之间的差值在时间上进行累加，当这个和累加到一定值时，再一次性进行处理，从而避免了振荡现象的发生。但加入积分调节会使系统稳定性下降，动态过程变慢，并且积分项的调节存在明显的滞后。

微分项：控制器的输出与输入误差信号的微分(即误差的变化率)成正比关系。微分项是根据差值变化的速率，提前给出一个相应的调节动作。在被控量有变化"苗头"时就有调节信号输出，变化速度越快、输出信号越强，故能加快调节速度，降低波动幅度，改善系统的动态性能。可见微分项的调节是超前的，具有预测性。

一般在进行参数调节时，比例系数加大，会使系统的动作灵敏，速度加快，稳态误差减小。但是比例系数偏大，振荡次数会加多，超调量增大，调节时间加长，太大时，系统甚至会变得不稳定；而该参数太小，又会使系统的动作缓慢。积分环节能消除稳态误差，提高系统的控制精度。增大积分项会使系统的稳定性下降，积分作用太大也会使系统不稳定。微分作用可以改善动态特性，微分系数偏大时，超调量较大，调节时间较短。偏小时，超调量也较大，调节时间也较长。只有参数合适，才能使超调量较小，减短调节时间。但是，微分作用会放大高频噪声，降低系统抗噪声能力，在调节微分项时要注意。

数字 PID 算法分为位置式和增量式两种，其中增量式是由位置式转化而来。

数字控制系统需要将控制信号采样,根据控制器采样时刻的偏差值进行控制，同时需要对 PID 的积分和微分环节进行离散化处理，以采样时刻点 kT 表示连续时间 t，以其和代替积分，以增量代替微分，于是有

$$\begin{cases} t \approx kT, \quad k = 0,1,3\cdots \\ \displaystyle\int_0^t e(t)\mathrm{d}t \approx T\sum_{j=0}^{k} e(jT) = T\sum_{j=0}^{k} e(j) \\ \dfrac{\mathrm{d}e(t)}{\mathrm{d}t} \approx \dfrac{e(kT) - e((k-1)T)}{T} = \dfrac{e(k) - e(k-1)}{T} \end{cases} \tag{5-133}$$

式中，T 为采样周期。显然，为了保证足够的控制精度，采样周期必须足够小。于是可以得到

$$u(k) = K_{\mathrm{P}}e(k) + K_{\mathrm{I}}\sum_{j=0}^{k} e(j) + K_{\mathrm{D}}(e(k) - e(k-1)) \tag{5-134}$$

式中：

k　　　——采样序号；

$u(k)$　　——第 k 次采样时系统输出值；

$e(k)$　　——第 k 次采样时系统偏差值；

$e(k-1)$——第 $k-1$ 次采样时系统偏差值。

当被控系统执行机构需要控制量的增量时由式(5-134)可以得到

$$u(k-1) = K_{\mathrm{P}}e(k-1) + K_{\mathrm{I}}\sum_{j=0}^{k} e(j) + K_{\mathrm{D}}(e(k-1) - e(k-2)) \tag{5-135}$$

则可得到增量式 PID：

$$\Delta u(k) = K_{\mathrm{P}}\left(1 + \frac{T}{T_I} + \frac{T_D}{T}\right)e(k) - K_{\mathrm{P}}\left(1 + 2\frac{T_D}{T}\right)e(k-1) + K_{\mathrm{P}}\frac{T_D}{T}e(k-2) \tag{5-136}$$

增量式 PID 控制器只与之前两次的采样值有关，计算量相对较少而且实时性也比较好。

PID 控制器在整定参数时，有扩充临界比例度、试凑等多种方法。扩充临界比例度法首先要选择合适的采样周期，然后仅加入比例控制器控制系统至临界振荡状态，由此求得临界振荡增益 K_u 与临界振荡周期 T_u。控制度是指数字控制器相对连续控制的效果相差倍数，控制度越高相差越大，在选择控制度后可查表获取整个控制器的整定参数[89-90]。扩充临界比例度法所查询的部分表格如表 5-11 所示。

表 5-11　扩充临界比例度法

控制度	控制规律	T_u/K_u	K_{P}/K_u	T_I/T_u	T_d/T_u
1.05	PI	0.03	0.53	0.08	—
	PID	0.014	0.63	0.49	0.14

续表

控制度	控制规律	T_u/K_u	K_p/K_u	T_i/T_u	T_d/T_u
1.50	PI	0.14	0.42	0.99	—
	PID	0.09	0.34	0.43	0.20
2.00	PI	0.22	0.36	1.05	—
	PID	0.16	0.27	0.40	0.22
连续控制	PI	—	0.57	0.83	—
	PID	—	0.70	0.50	0.13

　　试凑法是先调节比例系数至系统性能指标大致符合或达到阈值时，再根据稳态误差、调节时间等指标降低比例系数，加入积分环节。如果系统响应仍然不满足要求，则再根据超调量等指标降低比例与积分系数，加入微分环节，此期间需注意微分控制器带来的抗干扰能力降低、产生振荡等问题。

5.4.3　模糊控制器

　　模糊控制(fuzzy control)是利用模糊数学的基本思想和理论的控制方法，是智能控制的一个重要分支[91-93]。模糊控制有以下几个特点：

　　(1) 尽管模糊控制的计算方法是运用模糊集理论，但其控制规律是确定的；

　　(2) 不需要被控系统精确的数学模型，适用范围广；

　　(3) 不同于传统的控制方法，模糊控制系统依赖于规则库，接近人的思维和表达习惯，利于操作和理解；

　　(4) 模糊控制器从本质上来讲是一个多条件的软件控制器。

　　模糊控制的基础是有关模糊集合的理论，即把人的控制策略通过计算机语言来实现。模糊控制器的设计有以下三个步骤：第一，精确量的模糊化，即把从传感器获得的模拟量转化为精确的数字量输入模糊控制器，再将得到的精确量转化成模糊集合的隶属函数，也就是把传感器的值转化为知识库可以理解和操作的变量格式；第二，依据经验制定模糊控制规则，并进行相应的模糊推理，从而获得一个模糊输出集，即新的模糊集合隶属函数，形成模糊控制规则，并用模糊输入值来确定规则的适配性；第三，依据得到的模糊集合隶属函数，选择一个具有代表性的精确值作为控制量，即把模糊输出量的范围分布合并成一个单点的输出值形成控制量对执行机构进行控制。模糊控制的原理框图如图 5-33 所示。

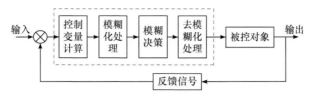

图 5-33 模糊控制原理框图

模糊控制，既不是指被控对象模糊，也不是指控制器模糊，只是在控制方法上应用了模糊数学的理论，其算法虽然是用模糊语言来描述的，但其控制器和被控对象都是确定的，利用模糊控制理论可以对一些无法建立确定数学模型的系统进行有效的控制和分析[94]。

模糊控制器是整个模糊控制的核心部分，其本质是一台微小型计算机，主要完成输入量的模糊化、模糊决策、模糊关系运算和去模糊化处理等过程。

模糊控制器是建立在人的直觉和经验的基础上的，模糊控制器的设计流程如下。

(1) 确认模糊控制器的输入和输出。

根据被控系统确定模糊控制器的输入和输出变量；通常情况下，选择被控系统的偏差和偏差变化率作为输入量，控制量作为输出量。

(2) 确定输入输出变量的语言范围及相应的隶属函数。

把通过传感器获得的精确输入量转化成模糊量，找到其所在的某个隶属函数，得到一个相应的模糊子集。隶属函数有正态分布，三角形分布和梯形分布等集中表示方法，后两种在工程上经常使用。

(3) 确定模糊控制规则。

模糊推理规则是对控制器输入输出量进行描述的一组语言规则。大部分情况下，它来自于人的系统知识经验。同时在控制率的设计上，必须确保完整性，即能涵盖所有的输入状态，使得每一个输入状态都至少有一个对应的控制规则产生作用。

(4) 确定模糊推理方法。

常见的模糊推理法有：Zadeh 法、Mamdani 法、Sugeno 法。其中 Mamdani 法更适用于实时控制，为本系统的首选。

(5) 确定去模糊化的方法。

去模糊化的方法与所选模糊子集的隶属函数有关。一般情况下有下列几种方法：最大隶属度法、重心法、加权平均法、中位数法等。本书选取了最大隶属度法。

5.4.4 伺服电机控制系统设计

如果采用单回路闭环系统时，在给定的带宽内系统的跟踪精度与抗干扰性均能满足系统要求时，系统均会采用单回路闭环系统，因为其结构简单、实现方便等优点，但是转台伺服系统被控对象相对比较复杂，其对自身的稳态精度和响应速度的要求都很高。考虑以上原因，为了实现交流伺服电机的高控制精度和满足其动态性能，本书设计了一个包含速度环和位置环的双闭环控制系统，需要分别设计速度控制器和位置控制器。对于一个多环的控制系统一般的设计方法都是从内环开始，然后再把内环作为外环的一个部分进行外环的控制器设计[95-99]。交流伺服电机的控制结构如图 5-34 所示，其中电流环控制为驱动器内部完成的闭环。

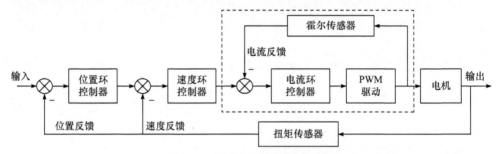

图 5-34　交流伺服电机控制结构

在 5.2 节中，通过机理法和辨识法相结合建模的方法得到了滚转轴、俯仰轴、偏航轴交流伺服电机的速度模型，现从数学模型角度开始分析，结合实验验证对速度环进行校正，满足控制系统要求。

滚转轴速度环传递函数为

$$\frac{C(s)}{R(s)} = \frac{37.89}{s^2 + 20.84s + 56.52} \tag{5-137}$$

在滚转轴速度环没有进行校正时，速度开环的伯德图和阶跃响应曲线如图 5-35 所示。

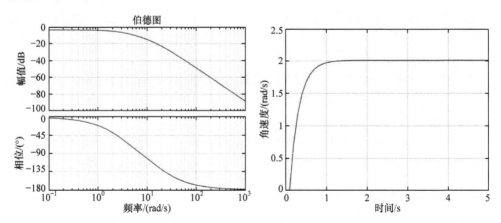

图 5-35　滚转轴未校正时速度开环伯德图及阶跃响应曲线

从图 5-35 可以看出，系统速度环的带宽、调节时间均达不到要求，需要对速度环进行校正，提高带宽并降低调节时间。通过 PID 控制器校正后的滚转轴速度响应实验曲线如图 5-36 所示。

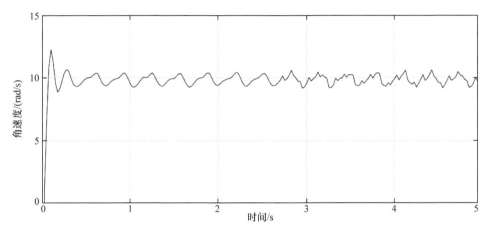

图 5-36　校正后滚转轴速度响应

从校正后的速度阶跃响应可以看出，系统的调节时间得到了很大改善，具有快速响应性，满足对下一步位置环设计的要求。

接下来对俯仰轴进行分析，俯仰轴速度环传递函数为

$$\frac{C(s)}{R(s)} = \frac{6.748}{s^2 + 73.21s + 9.117} \tag{5-138}$$

在俯仰轴速度环没有进行校正时，速度开环的伯德图和阶跃响应曲线如图 5-37 所示。

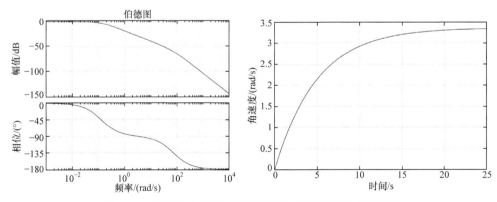

图 5-37　俯仰轴未校正时速度开环伯德图及阶跃响应曲线

从上图可以看出，系统的调节时间非常长，速度响应十分缓慢，需要对速度环进行校正，提高响应时间。通过 PID 控制器校正后的速度响应有了很大的改善，

在阶跃和正弦信号下的实验曲线如图 5-38 所示。

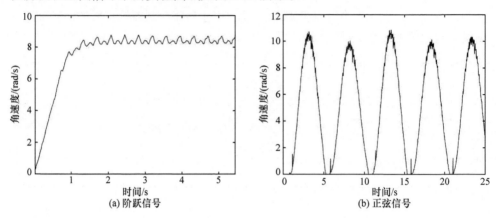

(a) 阶跃信号　　　　　　　　　　(b) 正弦信号

图 5-38　校正后俯仰轴速度响应

偏航轴速度环传递函数为

$$\frac{C(s)}{R(s)} = \frac{2122}{s^2 + 12170s + 20210} \tag{5-139}$$

在偏航轴速度环没有进行校正时，速度开环的伯德图和阶跃响应曲线如图 5-39 所示。

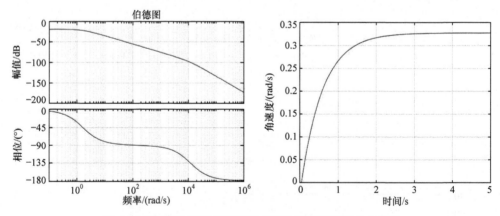

图 5-39　偏航轴未校正时速度开环伯德图及阶跃响应曲线

可以看出，系统速度环的带宽、调节时间均达不到要求，速度调节缓慢，需要通过控制器来进行校正。进行 PID 控制器校正后的实验响应如图 5-40 所示。

位置环为最后设计的回路，也是最重要的环节。位置环应该具备良好的稳、动态性能和抗干扰性。位置环的主要目的是提高控制精度，使系统输出精确的跟踪输入量[95]。

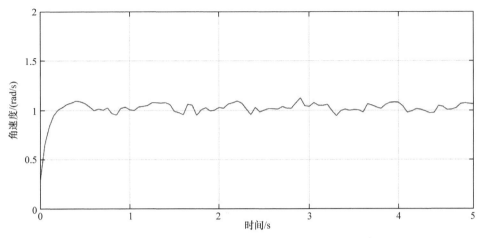

图 5-40　校正后偏航轴速度响应

位置环的工作过程为：根据某一空中位置输入信号，电机驱动转台框架，测角元件光电编码器检测实时位置信号，该信号经过数模转换为系统能识别的电信号并与输入指定信号相比较，得到位置偏差。位置调节器对位置偏差进行调节，产生速度环的给定值,经过功率放大器的放大驱动电机朝着减小偏差的方向转动。

首先使用传统的增量式 PID 对位置环进行控制，通过试凑法不断调整 PID 参数，最终取得较好的控制效果，在实际的控制过程中，由于存在各种干扰和耦合，电机的系统整体上会存在非线性等一系列特点，同时其过程参数其至模型都会发生些微的变化，因此在使用常规的 PID 进行控制的话，难免会出现各种问题，难以获得满意的控制效果。为了克服 PID 控制器的不足，可以采用先进的控制策略与之结合，如自适应模糊 PID 控制和神经网络 PID 控制等。本书主要进行模糊 PID 控制器设计，其工作结构如图 5-41 所示。

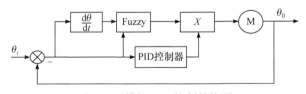

图 5-41　模糊 PID 控制结构图

Fuzzy 是一个二输入三输出的控制 PID 参数的模糊控制器，其输入为角位置的偏差 $\Delta\theta$ 和偏差的变化率 $\Delta\dot{\theta}$ ，通过模糊控制得到 PID 的三个参数 K_{P}、K_{I}、K_{D}，来实现 PID 三个参数的自整定过程。

使用模糊 PID 控制器进行控制,各个轴对阶跃和正弦信号的实验响应如图 5-42～图 5-44 所示。

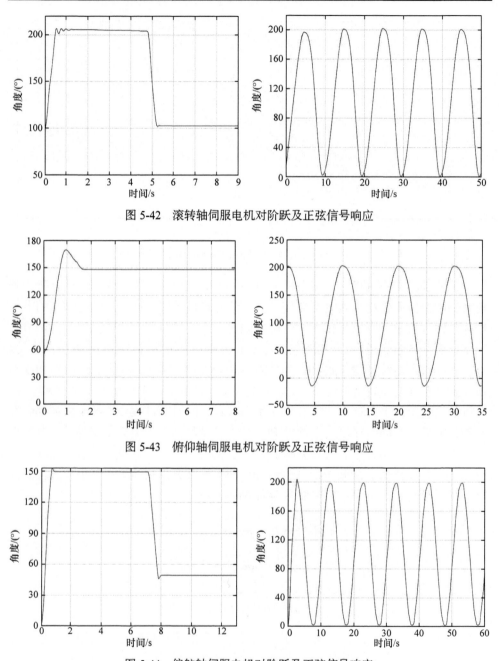

图 5-42　滚转轴伺服电机对阶跃及正弦信号响应

图 5-43　俯仰轴伺服电机对阶跃及正弦信号响应

图 5-44　偏航轴伺服电机对阶跃及正弦信号响应

5.4.5　直流力矩电机系统三闭环

对于直流无刷电机的系统来说，其控制系统总体结构如图 5-45 所示。

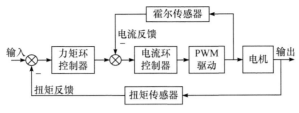

图 5-45　控制系统总体结构

由电机的工作特性可以知道，电机的电流直接决定电机的转矩，所以电流环的引入直接调节转台的转矩，同时限制电流的最大值，保护电机以免在启动或制动时过程中过高电流对电机造成冲击[100]。电流环输出的电流是电机每相的相电流，电流值由安置在驱动器内部的霍尔元件反馈回来。电流环动态结构图如图 5-46 所示。

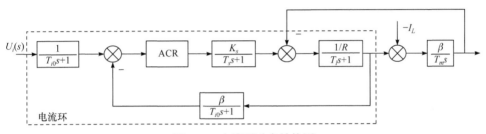

图 5-46　电流环动态结构图

图中，T_{i0} 表示电流环滤波延时，T_s 表示逆变器延时，K_s 表示逆变器放大系数，T_m 为等效机电时间常数，T_l 为等效定子绕组电磁时间常数，β 为电流反馈系数。

当电流环的截止频率 ω_{ci} 满足下式时：

$$\omega_{ci} \geqslant 3\sqrt{\frac{1}{T_m T_l}} \tag{5-140}$$

可以近似地认为电流环调节过程中反电动势 $E(s)$ 不变，于是可以得到电流环的近似动态结构图，如图 5-47 所示。

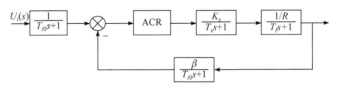

图 5-47　电流环简化图

同时，若 ω_{ci} 满足

$$\omega_{ci} \leqslant \frac{1}{3}\sqrt{\frac{1}{T_s T_{i0}}} \tag{5-141}$$

可以近似地将 $\dfrac{1}{T_{i0}s+1}$ 和 $\dfrac{1}{T_s s+1}$ 合并为一个惯性环节 $\dfrac{1}{T_{\Sigma i}s+1}$，其中 $T_{\Sigma i}=T_{i0}+T_s$，则可将电流环结构进一步简化，如图 5-48 所示。

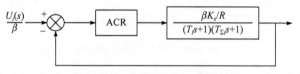

图 5-48　电流环进一步简化图

电流环的主要作用有：实现快速的动态响应，保证电流在动态响应的过程中不会出现超调过度。在施加突然载荷时希望超调越小越好。可以把电流环矫正为典型的 I 型系统，电流环的控制对象为两个惯性环节，所以控制器 ACR 应采用 PI 控制器。PI 控制器的传递函数为

$$W_{\mathrm{PI}}(s)=K_{\mathrm{P}}+\frac{1}{K_{\mathrm{I}}s}=K_{\mathrm{P}}\frac{1+\tau s}{\tau s} \tag{5-142}$$

式中，K_{P} 为比例系数，K_{I} 为积分系数，$\tau=K_{\mathrm{P}}K_{\mathrm{I}}$。

电流环控制器的相关参数计算：

$$W_{\mathrm{ACR}}(s)=K_{\mathrm{P}i}+\frac{1}{K_{\mathrm{I}i}s}=K_{\mathrm{P}i}\frac{1+\tau_i s}{\tau_i s} \tag{5-143}$$

选择 PI 控制器使 $\tau_i=T_l$，消除对象的大惯性环节，再根据系统的动态性能指标来确定比例放大系数 $K_{\mathrm{P}i}$。其中：

$$
\begin{aligned}
\tau_i &= T_l = \frac{L}{R}\\
K_{\mathrm{P}i} &= \frac{\tau_i R}{2T_{\Sigma i}\beta K_s}\\
K_{\mathrm{I}i} &= \frac{\tau_i}{K_{\mathrm{P}i}}
\end{aligned}
\tag{5-144}
$$

根据上式可以计算 PI 控制的参数估计值，在实验中在理论值指导下调整 PI 参数，最终取得较好的电流跟踪效果，其中俯仰轴由于框架齿轮咬合较好、摩擦力小、转动惯量适当等原因，电流跟踪效果最好。各轴上电机对电流的阶跃及正弦信号跟踪如图 5-49～图 5-51 所示。

速度环位于电流环与位置环之间，作用承上启下。本书中采用光电编码器作为速度反馈元件，构成速度反馈系统。速度环的引入，首先能保证速度回路的稳定精度；其次，在转台框架和电机刚度不大的时候，可以通过速度环提高速度环

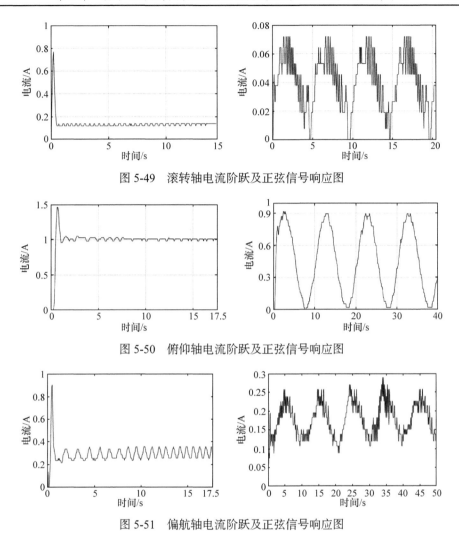

图 5-49　滚转轴电流阶跃及正弦信号响应图

图 5-50　俯仰轴电流阶跃及正弦信号响应图

图 5-51　偏航轴电流阶跃及正弦信号响应图

刚度，同时也可以通过速度环拓宽速度回路频带，提高转台快速性；再次，引入速度环分散抑制系统干扰，降低系统对扰动的灵敏度；最后，可以降低速度环的死区电压[101]。

在分析速度环时，可以将电流环当作速度环控制对象的一部分。速度环的截止频率 ω_{cv} 一般比较小，当满足 $\omega_{cv} \leqslant \dfrac{1}{5T_{\Sigma i}}$ 时，则可将电流环的闭环传递函数降阶为

$$G_i(s) = \frac{1/\beta}{2T_{\Sigma i}s + 1} \tag{5-145}$$

则可得到速度环的结构如图 5-52 所示。

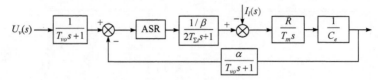

图 5-52　速度环结构

图中，T_{vo} 为速度反馈时延，α 为速度反馈系数，与电流环的结构类似，当速度截止频率 ω_{cv} 满足

$$\omega_{cv} \leqslant \frac{1}{3} \sqrt{\frac{1}{2T_{\Sigma i}T_{vo}}} \tag{5-146}$$

并且使 $T_{\Sigma v} = 2T_{\Sigma i} + T_{vo}$，则可将速度环结构简化如图 5-53 所示。

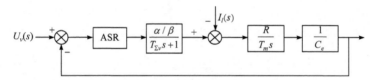

图 5-53　速度环简化结构

速度环的控制对象由一个积分环节和惯性环节组成，其中积分环节在受到负载扰动后，要实现系统的转速不存在静差，可以在扰动前串联一个积分环节，系统为典型的 II 型系统，其控制器同样可以采用 PI 控制器。其传递函数为

$$W_{ASR}(s) = K_{Pv} + \frac{1}{K_{Iv}s} = K_{Pv} \frac{1+\tau_v s}{\tau_v s} \tag{5-147}$$

式中，K_{Pv} 为速度控制器的比例放大系数，K_{Iv} 为速度控制器的积分时间常数。速度控制器的参数是按照典型的 II 型系统进行设计，可以确定速度控制器的积分时间常数为

$$\tau_v = hT_{\Sigma v} = h(2T_{\Sigma v} + T_{vo}) \tag{5-148}$$

速度控制器的比例放大系数的确定一般有两种方法，γ_{max} 和 $M_{r min}$ 准则，即

$$\gamma_{max}: \quad K_{Pv} = \frac{\beta C_e T_m}{\sqrt{h}\alpha R T_{\Sigma v}}$$

$$M_{r min}: \quad K_{Pv} = \frac{(h+1)C_e T_m}{2h\alpha R T_{\Sigma v}} \tag{5-149}$$

$$K_{Iv} = \frac{\tau_v}{K_{Pv}}$$

式中，h 为系统中频宽，一般选 $h=5$。

根据式(5-149)可以计算出速度环 PI 控制器参数，在工程实践中通过试凑法对参数进行二次调整，最终取得较好的控制效果，各轴对阶跃及正弦信号的跟踪效果如图 5-54～图 5-56 所示。

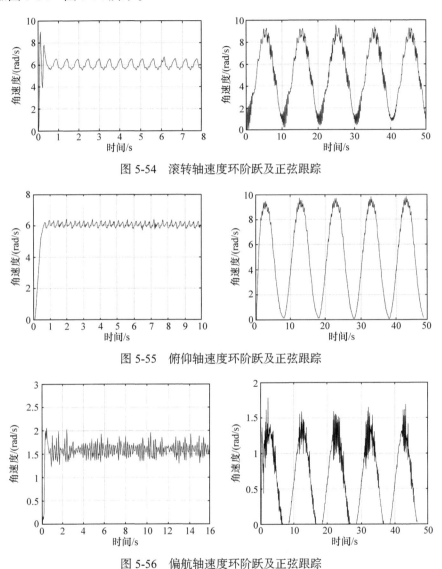

图 5-54　滚转轴速度环阶跃及正弦跟踪

图 5-55　俯仰轴速度环阶跃及正弦跟踪

图 5-56　偏航轴速度环阶跃及正弦跟踪

通过分析可以看出，各轴速度环对阶跃指令有着较快的响应速度，并且对正弦指令也有着较好的跟踪效果，基本满足对下一步控制器设计的要求。

在电机控制系统中，电机的位置环控制是将电机系统作为控制对象进行控制，速度环和电流环作为其内部环节。PID 控制器是目前工程控制领域使用最广泛的控制方式，它能够有效降低稳态误差并提升调节速度，针对本书中的直流力矩电机使用增量式 PID 控制器，首先分析系统的模型并进行临界振荡实验，获取临界振荡增益与临界振荡周期，然后依据扩充临界比例度法查表获取 PID 参数的理论值，最后根据实际情况使用试凑法对参数进行第二次调整，最终取得较好的控制效果。

对各轴电机输入阶跃指令以及频率 $f = 0.1\text{Hz}$、幅值 $90°$、偏移 $90°$ 的正弦指令，各个轴对阶跃和正弦指令的跟踪情况如图 5-57～图 5-59 所示。

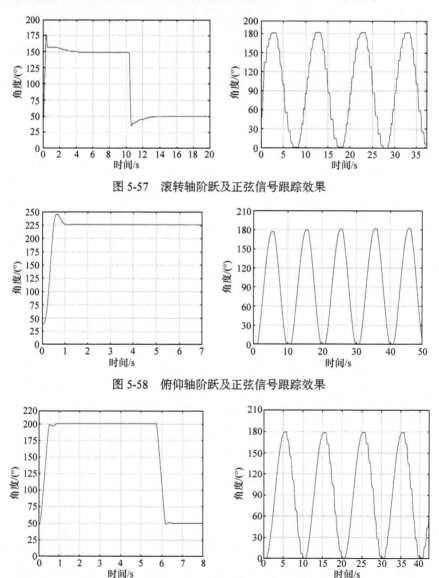

图 5-57　滚转轴阶跃及正弦信号跟踪效果

图 5-58　俯仰轴阶跃及正弦信号跟踪效果

图 5-59　偏航轴阶跃及正弦信号跟踪效果

5.5　飞行器负载模拟器系统设计与实现

5.5.1　概述

主要阐述系统的解决方案。首先对整个教学平台架构进行介绍，根据系统架构和原理设计了系统的完整实现方案，介绍实验台所用电机、驱动器以及控制板卡的选型，针对实验台软件部分，分别对本地和远程模式进行了说明。

5.5.2　实验台总体结构

飞行器负载模拟器系统实验台总体设计如图 5-60 所示。实验台本体由飞行器负载模拟器和工控机两部分组成，通过搭载的服务器可以进行本地和远程控制两种模式。其中飞行器负载模拟器由三轴转台及平移轴构成，每个轴上装有交流伺服电机和直流力矩电机：伺服电机用来做位置控制，可模拟飞机姿态、舵机运动等位置形式的运动；力矩电机用来做力矩加载，可模拟飞机飞行中受到的阻力、干扰，舵机运动受到的负载扭矩等。除此之外，系统还配有服务器和网站，可通过网络在远程对本地设备访问，进行实验，满足不同场景下的工作需求。

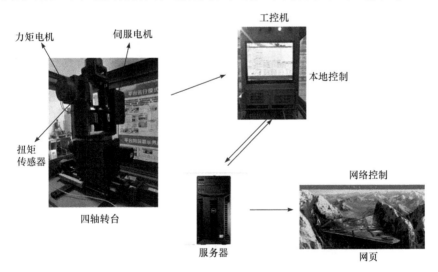

图 5-60　实验台总体设计

在实验平台的操作过程中，上位机交互界面接收指令并将其发送至工控机，工控机通过数字控制器的计算得到控制量，并通过通信板将控制量传送给驱动器。在驱动器处理信号后，控制量被转换为电压并发送到电机以驱动电机，传感器通过通信板将收集到的反馈发送回控制器，以完成控制回路。在整个控制过程中，控制器的设计需要得到被控对象的整体传递函数模型，即电机本体、电机驱动器、变速器和减速器的关节模型。四轴加载平台的扭矩加载通道和位置控制通道的控制原理相似，因此二者的控制系统框图基本相同，如图 5-61 所示。

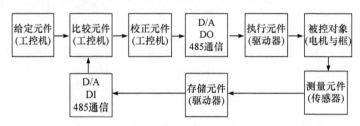

图 5-61　四轴加载平台的扭矩加载通道图

　　实验台的硬件部分整个分布在一个控制柜中，主要包括工业控制计算机、开关电源、继电器、多块 PCI 板卡、8 个电机及电机驱动器、多种传感器。所有的连接线全部使用屏蔽线，尽量减少信号的干扰。将实验台与驱动器、控制系统分隔开来，且使用航插接头连接所有屏蔽线，这既美观也方便搬运和维修，并减少电磁干扰。整个控制系统集成在一个控制柜中，被分为可分离的上下两部分，这可以充分利用空间，并且系统集成度高，便于维护和操作：上部分左侧为实验台及安装在其上的 8 个电机；上部分中间为 8 个电机驱动器；上部分右侧为工业控制计算机和显示器，用于软件调试和控制；下部分左侧为所有设备的供电回路，包括了按钮开关、继电器、空开，同时还有钥匙开关和急停按钮，这保证了实验用电的安全性和运行时的紧急处理；下部分右侧为网络服务器。整个实验台硬件系统的实物如图 5-62 所示。

图 5-62　实验台硬件系统实物图

　　四轴加载台机械部分由内、中、外、底四个轴框组成，其中内、中、外三个轴拥有不同的三个自由度，并且每个轴的一端添加配重块以保证同一轴两侧惯量相同，进而保证了框体可以自由运动。内框两电机轴直接通过联轴器与框体刚性连接，中、外两框除联轴器外还添加有传动及换向齿轮，可实现三个轴以三个自由度旋转，底框除联轴器外还安装有滚珠丝杠用于传动。四轴加载台一共使用 8 个电机，包含 4 个直流无刷电机、4 个交流同步电机，分别用作力矩加载控制与位置伺服控制。四轴加载台的机械三维结构如图 5-63 所示。

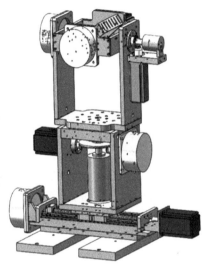

图 5-63　四轴加载台的机械三维结构图

　　8 个电机分别安装在四个轴的两端，通过弹性联轴器与轴相连，但每个轴的减速比不同在实验过程中，由计算机控制系统给出位置载荷，伺服电机进行位置闭环运动，同时力矩电机在力矩载荷指令下，进行力矩闭环控制，可任选一个或几个轴同时运动。在每一个控制周期中，反馈信息(角位移、角速度、力矩等)经由 RS485 通信和多功能数据采集卡返回计算机控制系统，而计算机控制系统将该反馈送入闭环控制器，经由控制算法的计算得到控制量输出值，该值经由 PCI 数据总线发送至多功能数据采集卡或者 RS485 通信模块中,作用于不同的驱动模块，驱动力矩电机和伺服电机进行运动，形成闭环控制。

5.5.3　控制系统结构

　　系统控制框图如图 5-64 所示。在每一个轴上，伺服电机通过光电编码器采集角位移，角速度信息作为反馈，与计算机控制系统设计的控制器组成闭环控制回路，控制该轴运动至给定指令下的角度和曲线。力矩电机通过力矩传感器采集回来的数据作为反馈，与力矩闭环控制器组成该通道的力矩闭环控制回路，控制力矩电机完成给定载荷指令下的扭矩输出。

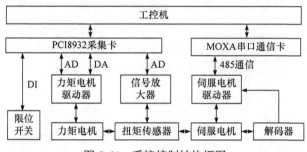

图 5-64　系统控制结构框图

1) 多功能数据采集卡

本系统需要用到 4 路模拟信号输出，控制力矩电机运动，以及 4 路数字信号输出控制力矩电机转动方向，因此需要一块具备多路 DA 和 DO 功能的 PCI 板卡。

此处选用的是北京阿尔泰科技的数据采集卡 PCI8932，如图 5-65 所示。其性能指标满足本控制系统的使用需求，关键性能如下。

(1) 4 路 DA 模拟量输出，转输出量程可调(0~5V/0~10V/–5~+5V/–10~+10V)，此处我们选用 0~5V，转换精度 12 位。

(2) 16 路 DO 数字量输出：高电平最低电压 4.45V，低电平最高电压 0.5V，上电时输出端口为低电平。

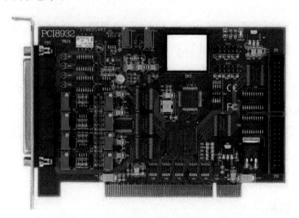

图 5-65　阿尔泰数据采集卡 PCI8932

2) 多串口卡 CP-134U

本系统中，和伺服电机驱动器以及力矩电机驱动器间的通信采用 RS485 通信

方式，所以需要共计 8 个支持 RS485 的端口，工控机本身是不具备的，因此选择
了多串口卡 CP-134U。它是专为工业自动化系统整合远程控制，基于 PC 的多点
数据采集应用而设计的，每块卡有 4 个支持 RS485 和 RS232 的端口，效能最高超
过 700kbit/s 的数据吞吐量。本系统中，我们选用 2 块 CP-134U，设置跳线为两线
RS485 通信模式，即可满足实验需求，如图 5-66 所示，其主要指标如下：

(1) 速率 50bit/s～921.6kbit/s；

(2) 数据位 5/6/7/8，停止位 1/1.5/2，校验位 None/Event/Odd/Space/Mark。

图 5-66　多串口卡 CP-134U

3) 直流力矩电机及驱动器

力矩电机需要对位置控制系统进行干扰加载，应具有力矩输出波动小，稳定
性好且可工作在连续堵转状态等特点，考虑到输出功率的问题，选用连续堵转力
矩为 1.39N·m、2.78N·m，堵转电流为 3.67A、4.42A 的某公司 LYX 系列无刷直
流力矩电机。

多功能数据采集卡 PCI8932 的输出是电压模拟量，经过力矩电机驱动器后作
用在力矩电机上。匹配本系统选用的两种型号力矩电机，选择了某公司生产的
AQMD36 系列直流力矩电机驱动器，直流力矩电机及驱动器实物图如图 5-67 所
示。该驱动器使用领先的电机回路电流精确检测技术、直流电机转速自检测技术、
再生恒定电流制动(或称刹车)技术和强大的 PID 调节技术可完美地控制电机启
动、制动(刹车)、换向过程和堵转保护，电机响应时间短且反冲力小，输出电流
实时监控防止过流，有效保护电机和驱动器。通过拨码开关或串口配置电机额定
电流，可使电机启动、制动、堵转电流均限定在电机额定电流，高效而安全。

4) 伺服电机及驱动器

加载台各通道要求可以完成位置控制、速度控制，且位置需要具有实时记忆
功能，所以需选用带有绝对编码器的电机型号。考虑到加载台各框体的负载与控

图 5-67　直流力矩电机及驱动器实物图

制要求，选用功率为 400W 与 750W、输出扭矩为 1.27N · m 与 2.39N · m 的某公司 ECMA-CA 系列的两种单相交流电机作为位置控制电机。

匹配本系统选用的两种型号伺服电机，选用某公司生产的 ASDA-A2 系列驱动器。该驱动器具有过电压、过负载、编码器异常等几十种错误报警，安全性好，可靠性高。其控制方式有位置、速度、扭矩多种模式，在本系统中，为了满足教学需要，选择工作在扭矩模式下。驱动器支持 RS232 和 RS485 串行通信功能，通信协议为 MODBUS 协议，可通过通信方式控制和读写参数。在该驱动器面板上还可根据设置监视不同运行信息，方便监测和观察，使用便捷简单。交流伺服电机及其驱动器实物图如图 5-68 所示。

图 5-68　交流伺服电机及其驱动器实物图

实验台各部分间使用航空插头进行连接。电气控制回路主要完成的工作有：对实验台用电安全的保障、强弱电分离、独立控制各个电机系统回路。电气控制回路通过 8 个固态继电器对 8 个电机的驱动器供电进行了控制，电气接线示意图如图 5-69 所示。

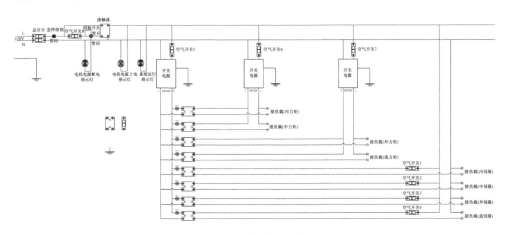

图 5-69　电气接线示意图

在电气控制回路的保护作用中，首先使用 10A 的单相交流插头，将其与交流接触器、大功率空气断路器串联，完成平台的第一、二层保护。之后设计系统的总电源开关，将线路与钥匙开关及指示灯串联，达到钥匙开关闭合上电绿灯亮，断电红灯亮的控制效果。然后将该回路与数个小功率空气断路器并联，小功率空气断路器分别用于控制内、中、外、底 4 个交流电机以及两个 24V 直流电源的供电。小功率空气断路器输出的 4 个供电回路分别与 4 个直流控交流的固态继电器相连，输出线路为交流驱动器供电；剩余两个小功率空气断路器与两个直流电源相连，将直流电源的输出分别与 4 个直流控直流的固态继电器相连，其输出线路为力矩驱动器供电。8 个固态继电器的控制开关分别与控制柜的按钮串联，达到以按钮控制继电器进而控制驱动器通断电的目的。

实验台的线路布局如图 5-70 所示。

图 5-70　实验台的线路布局图

5.5.4　实验台软件设计

四轴运动台控制系统的软件是该控制系统的核心，所有数据的采集、控制指令的发送、控制器的实现和算法计算、人机交互、远程数据传输等功能，都由软件来实现。

本书中的软件程序使用美国 NI 公司的 LabWindows/CVI 开发平台进行开发，LabWindows/CVI 以 C 语言作为开发语言，封装了 Windows 的消息循环机制，以回调函数的方式响应事件，使得程序结构简洁、清晰。以 C 语言作为开发语言，其功能强大、灵活，可对硬件、I/O 端口等直接进行读写操作，执行效率高。同时，它使用直观、有效的格式显示数据，具有很多专为工程应用和兼容硬件采集数据类型而设计的 GUI 控件，比如按钮、旋钮、滑块、仪表、容器、拨号盘和图形等，并且具有多模式示波器、数字表、旋钮电位器等，可以很好地模拟工业现场元件。

本地模式是本书研究的重点，可用来调试控制系统以及在无网络状态下做实验。在本地模式下，所有的控制算法和数据处理都在软件程序内完成。用户只需要在界面选择项目，输入参数，简单操作即可。软件有良好的人机交互界面，可在界面上完成软件的启动、停止、每个轴和电机的参数设置等人机交互功能，并且可看到数据以数字和曲线两种形式展示、直观形象。上位机软件界面如图 5-71 所示，主要功能如下：

(1) 具有参数设置界面，能够配置系统相关参数；

(2) 实时监测传感器数据并以多种形式显示；

(3) 伺服电机的工作模式切换；

(4) 系统的启停，单个或者多个电机的启停控制。

软件运行后自动初始化参数以及各板卡的初始化，用户在点击启动系统按钮

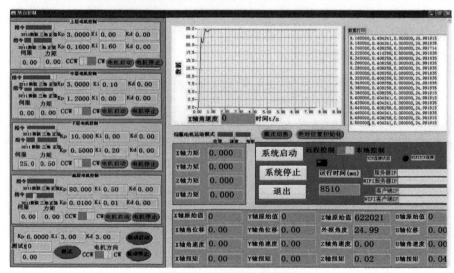

图 5-71　上位机软件界面

后，定时器被开启，在每个定时器周期内都会执行数据采集和数据的显示以及曲线绘制，在界面上选择控制信号类型以及设置相应控制器参数后，点击电机某个轴或多个轴的启动按钮后，则控制器开始作用，相应的通道形成闭环控制。

　　一般情况下，实验设备都是在实验室或研究室，因此理论、实验、实践、创新训练一体化教学最简单的实现方案是学生和老师都在实验室上课，或者学生在实验室学习，然而由于实验室的空间大小以及实验设备数量的限制，一般该方案无法满足大规模的学生上课和学习，更加无法开展创新实践训练[102]。因此，针对这种问题，我们的实验台加入了网络模式，帮助教师、学生、研究者实现教学、实验、科研。

　　在本模式下，四轴运动台控制计算机相当于一台服务器，远程教学平台是客户端，用户通过 Web 浏览器登录远程客户端与服务器建立连接，两者之间通过 TCP 协议数据传输。

　　在网络模式中，服务器不做控制量的计算，所有计算和数据处理过程都在远程进行，服务器主要与硬件进行交互。在与客户端建立 TCP 连接后，通过客户端远程启动服务器程序定时器，客户端发送运动指令给服务器，服务器解析指令后完成相应动作，并采集反馈信息发送回客户端，数据的处理和算法计算都在远程客户端。

5.6　平台人才培养过程

　　本节以《计算机控制系统》课程中的最小拍控制器设计实验为例，详细阐述了实验台操作步骤。

　　第一步：熟悉实验环境。

　　注册后选择学生入口，如图 5-72 所示。

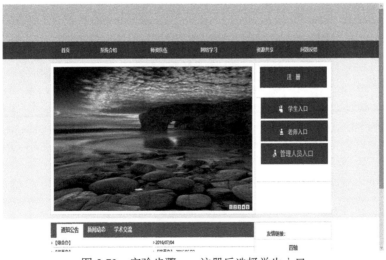

图 5-72　实验步骤一：注册后选择学生入口

第二步：填入相应的用户名及密码，点击登录，如图 5-73 所示。

用户依据教学内容，选择打开相应的课件、录像、教材、仿真、实验等界面。在课件界面中学习理论知识，在录像界面中观看录制好的讲课视频，在仿真和实验界面完成与理论知识相关的实验与创新实践训练。多个界面在同一屏幕上自由切换。

图 5-73　实验步骤二：填入相应的用户名及密码

第三步：点击主页的网络学习，如图 5-74 所示。

图 5-74　实验步骤三：点击主页的网络学习

第四步：点击计算机控制系统，如图 5-75 所示。

图 5-75　实验步骤四：点击计算机控制系统

第五步：选择相应内容进行学习，如图 5-76 所示。

序号	教学内容	录像	课件	附件	教材	作业	仿真	视频	实验	综合训练	备注
1	1.1 DDC系统概述	第1集	PPT-01	-	P3-10	1-1.2.3.4.5.6	-	四轴转台	位置PID控制	-	-
2	2.1.1 数字PID控制算法	第2集	PPT-02	-	P13-21	-	-	-	联动控制+	-	-
3	2.1.2 数字PID控制算法的实现	第3集	PPT-03	-	P22-42	2-1.2.3.4	-	-	步进位移控制	-	-
4	2.1.3 数字PID控制算法的应用	第4集	PPT-04	-	P43-60	-	-	-	步进电机加速度控制	-	-
5	2.2 现代DDC算法	第5集	PPT-05	-	P61-69	2-5.6.7.8	-	四轴转台	步进电机最小拍控制	-	-
6	2.3 DDC系统的复杂控制技术	第6集	PPT-06	-	P70-76	-	-	-	步进电机速度输出	-	-
7	3.1 DDC系统的主机单元	第7集	PPT-07	-	P77-79	3-1.3.4.5	-	-	-	-	-
8	3.2 DDC系统的输入输出单元	第8集	PPT-08	-	P80-91	3-6.7.8.9.10	-	-	伺服电机加速度控制	-	-
9	3.3 DDC系统的人机接口单元	第9集	PPT-09	-	P92-99	3-11.12.13	-	实验室	伺服电机角位移控制	-	-
10	3.4 DDC系统的抗干扰技术	第10集	PPT-10	-	P100-115	3-14.15	-	-	伺服电机速度输出	-	-
11	4.1 DDC系统的控制运算软件	第11集	PPT-11	-	P116-127	4-1.2.3.4	-	-	-	-	-
12	4.2 DDC系统的输入软件	第12集	PPT-12	-	P128-141	4-5.6.7.8.9	-	-	加速实验	-	-
13	4.3 DDC系统的人机接口软件	第13集	PPT-13	-	P142-153	4-10.11.12.13	-	三轴滑台	力矩输出	-	DDC系统的监控组态软件
14	5.1 DDC系统的设计	第14集	PPT-14	-	P156-161	5-1.2.3.4.5.6	-	-	最少拍	-	-
15	5.2 DDC系统的应用	第15集	PPT-15	习题答案	P162-177	5-8.9.10.13.14.17	-	-	水平跟踪	-	-

图 5-76　实验步骤五：选择相应内容进行学习

第六步：理论学习。如图 5-77 所示，首先点击录像菜单，学习课程教学视频；其次，点击课件，学习课程理论教学内容及实验模型。

第七步：熟悉飞行器偏航负载模拟模型，设计其最小拍控制器(*T*=0.05s)，如图 5-78 所示。

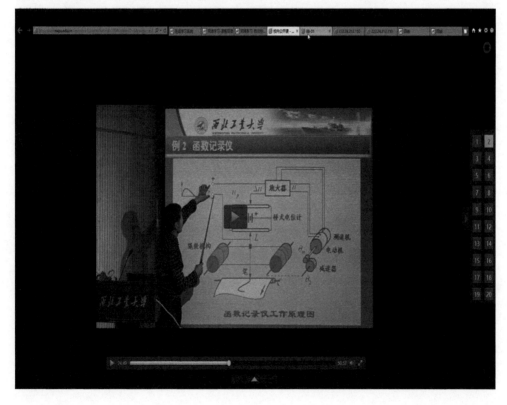

序号	教学内容	录像	课件	附件	教材	作业	仿真	视频	实验	综合训练	备注
1	1.1 DDC系统概述	第1集	PPT-01	-	P3-10	1-1.2.3.4.5.6	-	四轴转台	位置PID控制	-	-
2	2.1.1 数字PID控制算法	第2集	PPT-02	-	P13-21	-	-	-	联动控制*	-	-
3	2.1.2 数字PID控制算法的实现	第3集	PPT-03	-	P22-42	2-1.2.3.4	-	-	步进位移控制	-	-
4	2.1.3 数字PID控制算法的应用	第4集	PPT-04	-	P43-60	-	-	-	步进电机加速度控制	-	-
5	2.2 现代DDC算法	第5集	PPT-05	-	P61-69	2-5.6.7.8	-	四轴转台	步进电机最小拍控制	-	-
6	2.3 DDC系统的复杂控制技术	第6集	PPT-06	-	P70-76	-	-	-	步进电机速度输出	-	-
7	3.1 DDC系统的主机单元	第7集	PPT-07	-	P77-79	3-1.3.4.5	-	-	-	-	-
8	3.2 DDC系统的输入输出单元	第8集	PPT-08	-	P80-91	3-6.7.8.9.10	-	-	伺服电机加速度控制	-	-
9	3.3 DDC系统的人机接口单元	第9集	PPT-09	-	P92-99	3-11.12.13	-	实验室	伺服电机角位移控制	-	-
10	3.4 DDC系统的抗干扰技术	第10集	PPT-10	-	P100-115	3-14.15	-	-	伺服电机速度输出	-	-
11	4.1 DDC系统的控制运算软件	第11集	PPT-11	-	P116-127	4-1.2.3.4	-	-	-	-	-
12	4.2 DDC系统的输入输出软件	第12集	PPT-12	-	P128-141	4-5.6.7.8.9	-	-	加载实验	-	-
13	4.3 DDC系统的人机接口软件	第13集	PPT-13	-	P142-153	4-10.11.12.13	-	三轴滑台	力矩输出	-	DDC系统的监控组态软件
14	5.1 DDC系统的设计	第14集	PPT-14	-	P156-161	5-1.2.3.4.5.6	最少拍	-	-	-	-
15	5.2 DDC系统的应用	第15集	PPT-15	习题答案	P162-177	5-8.9.10.13.14.17	-	-	水平跟踪	-	-

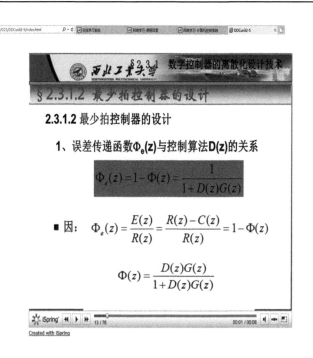

图 5-77　实验步骤六：理论学习

解：①因为输入为典型的阶跃输入，查表可知其$W_B(Z)$为Z^{-1}

$$G(Z) = (1 - Z^{-1}) * Z\left[\frac{2.6376}{S(0.0024S + 3.1)}\right] = 0.851Z^{-1}$$

②计算出数字控制器的差分方程

$$D(Z) = \frac{W_B(Z)}{G(Z)[1 - W_B(Z)]} = \frac{1.175}{1 - Z^{-1}}$$

$$u(k)=u(k-1)+1.175e(k)$$

图 5-78　实验步骤七：熟悉飞行器偏航负载模拟模型，设计其最小拍控制器

第八步：参数级偏航负载模拟虚拟仿真实验。

在计算机控制界面，点击仿真，进入操作界面，如图 5-79 所示。

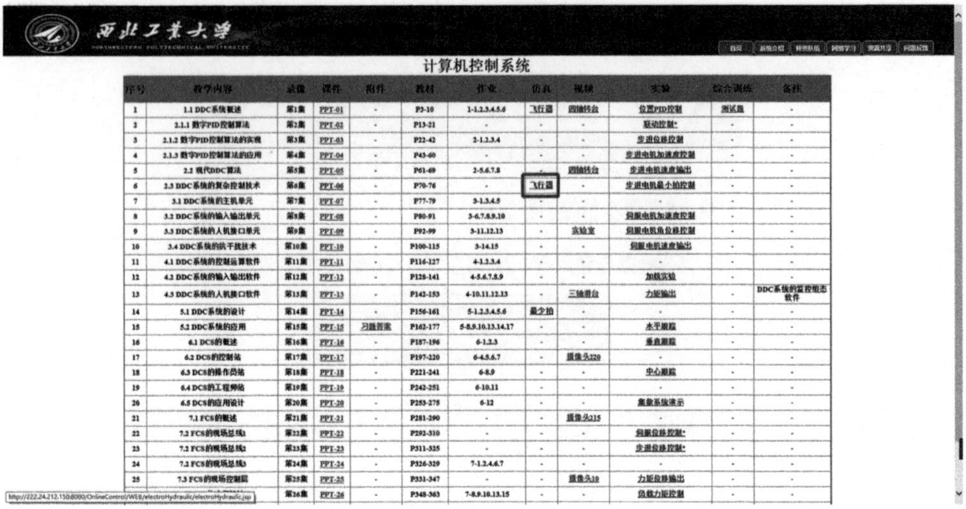

图 5-79　实验步骤八：在计算机控制界面，点击仿真，进入操作界面

第九步：设置参数，如图 5-79 所示。在"操作界面"中根据第七步设计的控制器参数，在偏航按钮中选择负载，输入和选择参数，点击发送按钮，得到如下结果。

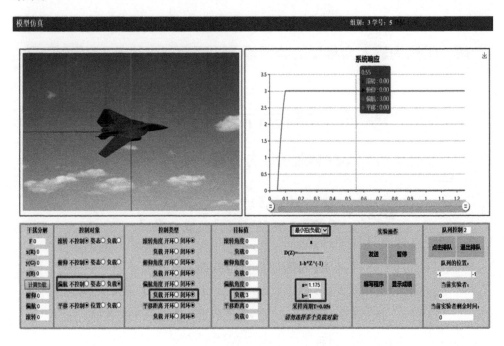

图 5-80　实验步骤九：设置参数

第十步：编程级偏航负载模拟虚拟仿真实验。

将第七步设计完成的控制器变换成差分方程后,点击编写程序按钮,如图5-81所示。

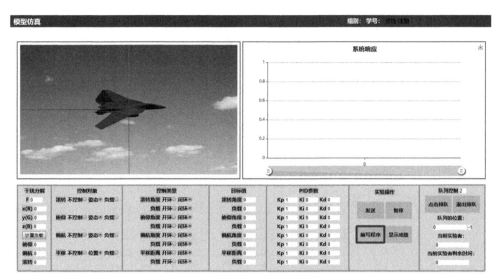

图5-81　实验步骤十：点击编写程序按钮

第十一步：进入编程界面后，编写 C 或 Java、JavaScript 语言程序。随后点击提交编译、生成代码和发送组件，如图 5-82 所示。观测到的系统响应结果如图 5-83 所示。

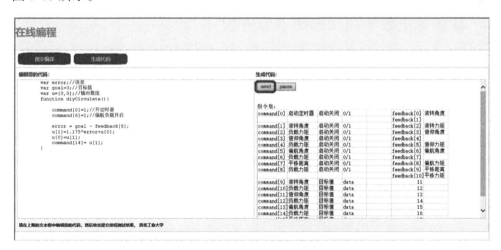

图5-82　实验步骤十一：点击提交编译、生成代码和发送组件

第十二步：熟悉飞行器偏航姿态模拟模型，设计其最小拍控制器(T=0.05s)，

如图 5-84 所示。

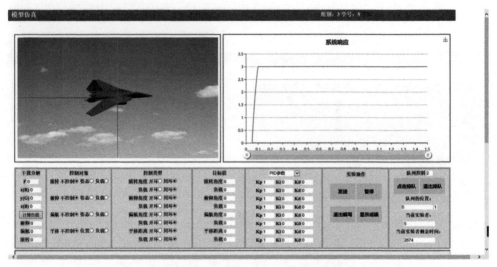

图 5-83　实验步骤十一：系统响应结果

解：①因为输入为典型的阶跃输入，查表可知其 $W_B(Z)$ 为 Z^{-1}

$$G(Z) = (1 - Z^{-1})Z\left[\frac{0.08}{S^2}\right] = \frac{0.004 * Z^{-1}}{1 - Z^{-1}}$$

②计算出数字控制器的差分方程

$$D(Z) = \frac{W_B(Z)}{G(Z)[1 - W_B(Z)]} = 250$$

差分方程为一个比例环节。

图 5-84　实验步骤十二：熟悉飞行器偏航姿态模拟模型，设计其最小拍控制器

第十三步：参数级偏航姿态模拟虚拟仿真实验。首先，在计算机控制界面，点击仿真，进入操作界面，与第八步相同；其次，设置姿态模拟虚拟仿真实验参数，如图 5-85 所示。在"操作界面"中设置控制器参数：在偏航按钮中选择姿态，并输入和选择参数；最后，点击发送按钮。

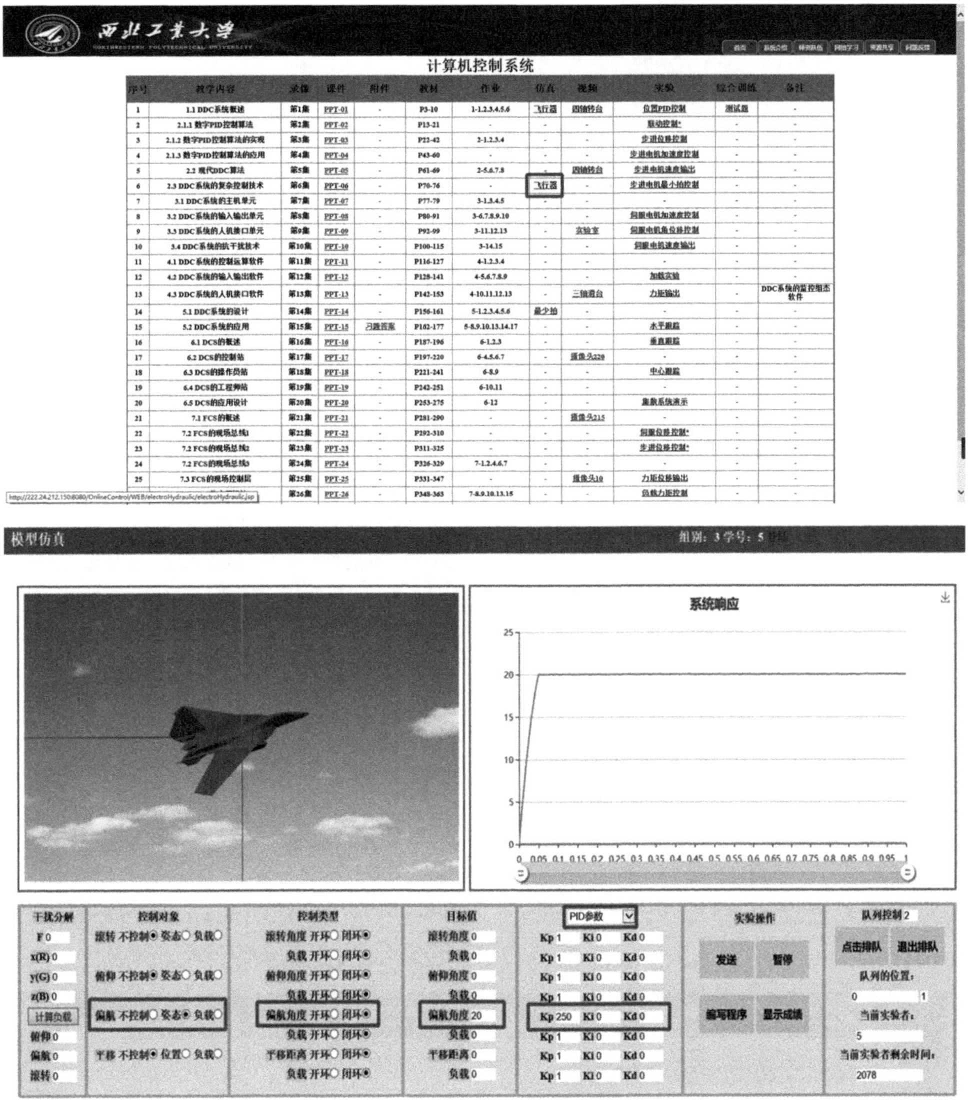

计算机控制系统

序号	教学内容	录像	课件	附件	教材	作业	仿真	视频	实验	综合训练	备注
1	1.1 DDC系统概述	第1集	PPT-01	-	P3-10	1-1.2.3.4.5.6	飞行器	四轴转台	位置PID控制	测试箱	-
2	2.1.1 数字PID控制算法	第2集	PPT-02	-	P15-21	2-1.2.3.4			振动控制		
3	2.1.2 数字PID控制算法的实现	第3集	PPT-03	-	P23-42	2-1.2.3.4			步进位置控制		
4	2.1.3 数字PID控制算法的应用	第4集	PPT-04	-	P43-60				步进电机加速度控制		
5	2.2 现代DDC算法	第5集	PPT-05	-	P61-69	2-5.6.7.8		四轴转台	步进电机加速度输出		
6	2.3 DDC系统的复杂控制技术	第6集	PPT-06	-	P70-76		飞行器		步进电机最小拍控制		
7	3.1 DDC系统的主机单元	第7集	PPT-07	-	P77-79	3-1.2.3.4.5					
8	3.2 DDC系统的输入输出单元	第8集	PPT-08	-	P80-91	3-6.7.8.9.10			伺服电机加速度控制		
9	3.3 DDC系统的人机接口单元	第9集	PPT-09	-	P92-99	3-11.12.13	实验台		伺服电机位置控制		
10	3.4 DDC系统的抗干扰技术	第10集	PPT-10	-	P100-115	3-14.15			伺服电机速度输出		
11	4.1 DDC系统的控制程序软件	第11集	PPT-11	-	P116-127	4-1.2.3.4					
12	4.2 DDC系统的输出程序软件	第12集	PPT-12	-	P128-141	4-5.6.7.8.9			加载实验		
13	4.3 DDC系统的人机接口软件	第13集	PPT-13	-	P142-153	4-10.11.12.13	三轴君台		力矩输出		DDC系统的监控组态软件
14	5.1 DCS系统的设计	第14集	PPT-14	-	P150-161	5-1.2.3.4.5.6	最少拍				
15	5.2 DCS系统的应用	第15集	PPT-15	习题答案	P162-177	5-8.9.10.13.14.17			水平跟踪		
16	6.1 DCS的概述	第16集	PPT-16	-	P187-196	6-1.2.3			垂直跟踪		
17	6.2 DCS的控制站	第17集	PPT-17	-	P197-220	6-4.5.6.7		摄像头320			
18	6.3 DCS的操作员站	第18集	PPT-18	-	P221-241	6-8.9			中心控制		
19	6.4 DCS的工程师站	第19集	PPT-19	-	P242-251	6-10.11					
20	6.5 DCS的应用设计	第20集	PPT-20	-	P253-275	6-12			集散系统演示		
21	7.1 FCS的概述	第21集	PPT-21	-	P281-290			摄像头215	伺服位置输出*		
22	7.2 FCS的现场总线1	第22集	PPT-22	-	P292-310				步进位置输出*		
23	7.2 FCS的现场总线2	第23集	PPT-23	-	P311-325						
24	7.2 FCS的现场总线3	第24集	PPT-24	-	P326-329	7-1.2.4.6.7					
25	7.3 FCS的现场控制站	第25集	PPT-25	-	P331-347			摄像头10	负载位置输出		
26		第26集	PPT-26	-	P348-365	7-8.9.10.13.15			负载力矩控制		

http://222.24.212.150:8080/OnlineControl/WEB/electroHydraulic/electroHydraulic.jsp

图 5-85　实验步骤十三：设置姿态模拟虚拟仿真实验参数

第十四步：编程级偏航姿态模拟虚拟仿真实验。

将第十二步设计好的控制器变换成差分方程，并完成第十步、第十一步操作，得到偏航姿态模拟虚拟仿真实验结果图，如图 5-86 所示。

第十五步：参数级偏航负载模拟半物理仿真实验。

在计算机控制界面，点击实验中的"步进电机最小拍控制"，进入操作界面。半物理仿真实验入口如图 5-87 所示，半物理仿真实验操作界面如图 5-88 所示。

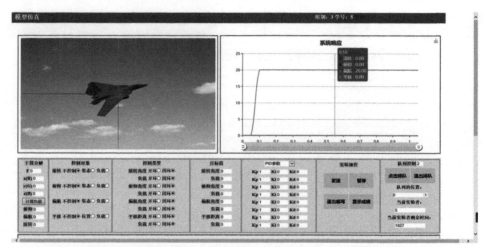

图 5-86　实验步骤十四：偏航姿态模拟虚拟仿真实验结果图

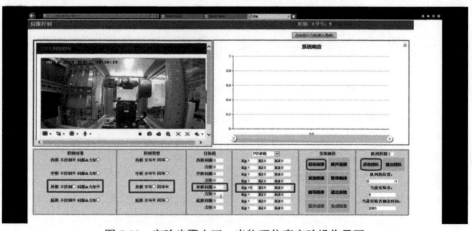

图 5-87　实验步骤十五：半物理仿真实验入口图

图 5-88　实验步骤十五：半物理仿真实验操作界面

第十六步：在"操作界面"中根据第七步设计新的控制器(*T*=0.5s)，输入和选择参数，并点击发送按钮，得到参数级偏航负载模拟半物理仿真实验结果图，如图 5-89 所示。

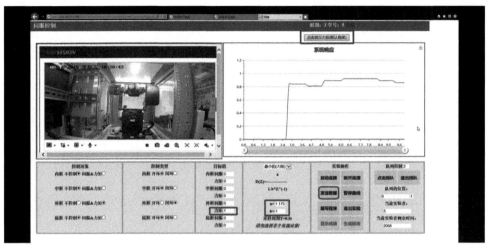

图 5-89　实验步骤十六：参数级偏航负载模拟半物理仿真实验结果图

第十七步：编程级偏航负载模拟半物理仿真实验。

将第七步设计好的控制器变换成差分方程，点击如图 5-88 所示的半物理仿真实验操作界面中的编写程序按钮。

进入编程界面后，编写 C 或 Java、JavaScript 语言程序，点击提交编译、生成代码，最后点击发送。编程级偏航负载模拟半物理仿真实验程序编写示意图如图 5-90 所示，该实验结果如图 5-91 所示。

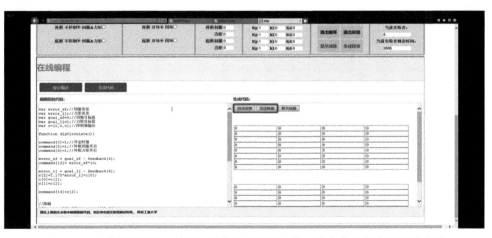

图 5-90　实验步骤十七：编程级偏航负载模拟半物理仿真实验程序编写示意图

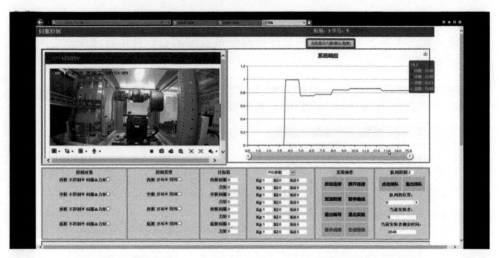

图 5-91　实验步骤十七：编程级偏航负载模拟半物理仿真实验结果

第十八步：参数级偏航姿态模拟半物理仿真实验。

在计算机控制界面，点击实验，进入如图 5-88 所示的操作界面。

在"操作界面"中根据第十二步设计新的控制器($T=0.5s$)，输入和选择参数，并点击发送按钮，得到的参数级偏航姿态模拟半物理仿真实验结果如图 5-92 所示。

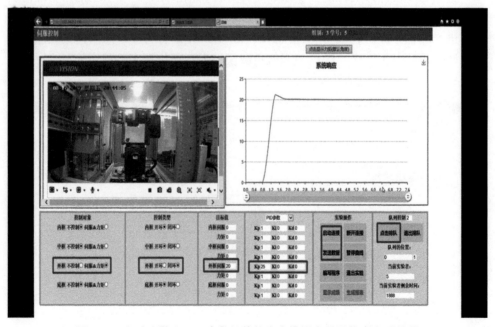

图 5-92　实验步骤十八：参数级偏航姿态模拟半物理仿真实验结果

第十九步：编程级偏航姿态模拟半物理仿真实验。

将第十二步设计好的控制器变换成差分方程,点击图 5-88 所示的编写程序按钮。

进入编程界面后,编写 C 或 Java、JavaScript 语言程序,点击提交编译、生成代码,最后点击发送。编程级偏航姿态模拟半物理仿真实验程序编写示意图如图 5-93 所示,该实验结果如图 5-94 所示。

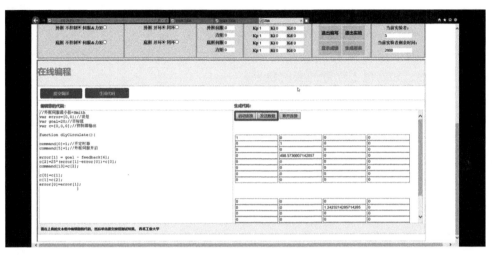

图 5-93　实验步骤十九：编程级偏航姿态模拟半物理仿真实验程序编写示意图

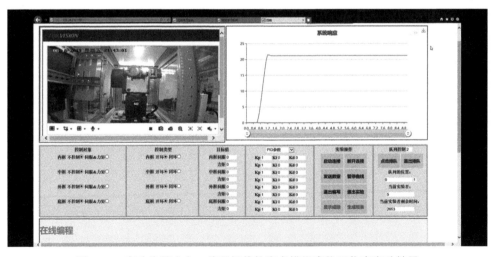

图 5-94　实验步骤十九：编程级偏航姿态模拟半物理仿真实验结果

第二十步：实验结果分析及提交。

根据结果,分析并理解最小拍控制器的原理、设计方法及不同实验方法的异同点。

5.7　本　章　小　结

　　本章介绍了线上线下混合式人才培养平台的实际应用情况。以平台中的飞行器负载模拟虚拟仿真实验和机器人控制实验为基础，详述了该实验所需的软件实验平台、硬件实验设备的具体信息，同时以《计算机控制系统》中的最小拍控制器设计实验和机器人正运动学控制实验为例，列出了该平台理论学习、虚拟仿真实验和半物理实验的操作步骤以及实验数据与结果，将前面章节的研究结果运用到实际之中，并取得了较好的实验效果。

　　整个实验过程所涉及的平台功能，如用户管理、实验排队、在线实验、远程监控、资源学习等模块均正常工作，尤其是虚拟仿真实验功能和在线编程功能更是体现了本线上线下混合式人才培养平台的独特性与创新性。

第6章 基于仿人机器人的智能机器人类线上线下混合式人才培养平台

6.1 引　言

目前，我国已经成为世界的制造业中心，国内装备制造业正处于由传统装备向先进制造装备转型时期，工业机器人的发展和应用越来越受到关注。通过将工业机器人应用于传统行业，不仅可以提高企业的竞争力，而且对于国家产业升级和持续发展具有重大意义[103]。但是由于目前我国工业机器人职业技能培训和工程教育体系建设并不完善，使得当前机器人工程应用型技术人才短缺，难以满足工业机器人的操作维护、安装调试、系统集成等方面的工程技术人员需求[104]。工程教育对实践性培养要求非常高，而我国在短期内大批量建设实践培训设备条件有限。因此研究一套基于浏览器的理论与实践一体化同步的线上线下教学平台，以使目前较少且宝贵的实验设备利用效率最大化，将是我国工业机器人工程教育迫切需要解决的问题。

6.2 工业机器人教学系统现状及存在问题

工业机器人工程教育系统及示范应用基地建设，是各大机器人厂商拓展市场、扩大影响力的重要方式，也是解决当前机器人工程应用型人才短缺的重要措施。当前机器人教学系统的研究现状和发展趋势主要有以下几个方面。

6.2.1 线上线下课程与理论实训的混合集成

在实际的教学和技能培训中，线上线下混合式学习模式是近年来教育研究领域的重要热门课题，在国内外受到广泛关注。Bazelais 等在大学力学课程中使用混合式学习，与传统学习相比，混合学习可以提高 STEM(科学、技术、工程和数学)教育中的教学质量和学生的学习成果[105]。王金旭等通过统计分析，将学科和教师的课程评估方法作为调节变量，对混合式学习和传统教学条件下的学生表现进行了对比，结果表明接受混合式学习的学生的学习效果更好[106]。同时，国内相关方向研究也在持续进行。文献[37]～[39]通过"教学做"一体化教学模式的尝试，同传统教学方式相比，起到了良好的教学效果；文献[36]、文献[41]～[43]

先后以职业教育为导向，对"理论实践一体化"教学模式进行研究探索，也有一定的成果。

　　然而，目前的这些研究均未涉及混合式学习模式及其实验的具体实现问题，在实证研究、平台设计及开发方面涉及更少，因此难以满足工业机器人职业培训和工程教育的要求。

6.2.2　实训系统由单一传统示教到示教与仿真综合化

　　在应用于工业机器人技能培训和工程教育的实训系统中，国外发展较为迅速，已有许多院校开展了相关的研究[26-27]。瑞士 ABB 机器人公司下属的 ABB 学院以及德国 KUKA 机器人公司下属的 KUKA 学院在全球设立了数十家机器人培训中心，借助机器人配套手持示教器以及离线编程仿真软件 RobotStudio 和 KUKA Sim Pro，提供自产工业机器人操作的技能培训服务[107]，但这套系统并不支持多个主流机器人品牌，且缺乏在线课程与本地实训系统的互动关联。在国内虽已出现个别投入商用的工业机器人离线编程仿真软件，如北京华航唯实机器人科技有限公司的 RobotArt，但对国产工业机器人产品支持不足，市场占有率低，也未能很好考虑机器人职业技能培训和工程教育中的各项需求。因此，工业机器人实训系统仍以示教编程和在线调试软件为主，如上海顶邦、华中数控和杭州仪迈等少数支持离线编程仿真的实训院所和基地，几乎全部采用国外离线编程仿真软件和配套进口工业机器人，缺乏能够覆盖多个国产工业机器人产品的综合实训系统及实训基地，既不能满足国产工业机器人人才培训的需要，也不利于国产工业机器人的推广及未来工程应用型人才的培养。

6.2.3　机器人技术资源服务平台由专有到通用

　　机器人技术资源服务平台拥有庞大的数据库和强大的处理能力，能够为线上线下混合式教育机器人系统提供统一的访问接口和云服务功能，是工业机器人技能培训系统的核心，也是目前云机器人平台的研究热点。欧洲的 RoboEarth 项目将独立机器人的计算置于云端数据库中，为机器人提供运行环境和对象模型等语义信息[108]；Mohanarajah 等提出将 RoboEarth 项目方法与 UNR-PF 的分布式执行能力结合的 Raptuya 机器人平台，并开发了网络化机器人系统 Rsi-Cloud，为服务提供商和机器人专家提供了一种可分别开发机器人服务和机器人应用的平台[109]；Dogmus 等将云与物理医学结合，搭建了云-康复机器人[110]。我国机器人技术资源服务平台也进行了一些基础研究。谭杰夫等提出基于云计算的机器人 SLAM 架构实现与优化方法[111]。周风余等提出了机器人云平台框架，将云平台的功能封装成网络服务对外提供，达到计算资源复用的目的[112]。但是，现有的这些机器人资源服务平台的性能强烈依赖于数据中心、传送网络、服务供应商，甚至终端用户的设备或浏览器等组成部分。而百花齐放的云服务平台、各具特色的云计算标准、因地而异的网络带宽等关键因素，都很难在全局范围内高效均衡，导致云服务平台的性能存在巨大差异，在服务性应用中还处于探索阶段。

因此设计并实现一套通用化、层次化、高性能、易复用的云机器人资源服务平台，将线上线下课程与理论实训混合集成，完成实训系统的示教与仿真综合化，为云机器人的研究开发和普及应用提供平台化的支持与服务是十分必要并紧迫的任务。

6.3　混合式工业机器人教学系统设计

6.3.1　拓扑结构设计

当前国产工业机器人职业培训和工程教育过程中普遍存在的问题，一是教学环节(理论、仿真、示教)、教学资源(教学软件、实训系统、服务平台)、教学模式(慕课课堂、传统课堂)三者难以进行有机集成的问题。二是当前的教学培训中存在的教学开放差、教学效率低、教学兴趣乏、教学设备少、设备效率低、设备共享差的问题[113-114]。因此，为了解决当前在工业机器人技能培训和工程教育中存在的这些问题，实现"理论、仿真、示教有机融合的线上线下混合式教育机器人系统集成与应用"，本书围绕"教学软件—实训系统—服务平台"多角度开展教育机器人系统的研究，提出了一种面向我国工业机器人工程教育的线上线下混合式机器人教学系统。

该机器人教学系统以数据(工业机器人技术信息)驱动与知识(工业机器人培训)引导为主线，融合"自底向上"的数据驱动与"自顶向下"的知识引导。其中数据驱动以数据库为载体，从工业机器人本体技术到仿真实训技术，经过技术资源服务平台归纳抽象，再到教学软件表示与呈现；知识引导以知识表示与呈现为载体，指导构建从教学软件到实训系统再到技术资源服务平台和应用实训体验基地。混合式机器人教学系统总体设计方案如图 6-1 所示，整个系统由培训环境构建及知识表示与呈现、工业机器人技术资源服务平台、职业技能综合实训系统三大部分组成，下面对这几部分进行介绍。

6.3.2　多功能实训教学软件系统

在本系统的机器人环境培训构建及知识表示与呈现部分，核心是一套基于Web 浏览器的"理论、实训一体化同步的线上线下混合式"工业机器人教学软件系统，以解决现有的线上线下混合式学习模式中存在理论、实训两个环节的时间及空间分离问题，该软件系统具体组成为以下几个方面。

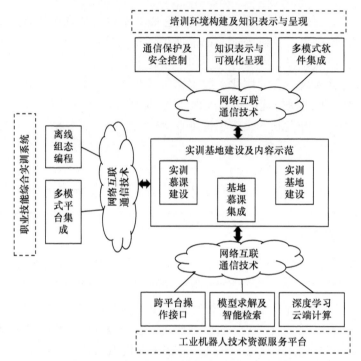

图 6-1　混合式机器人教学系统总体设计方案

6.3.3　理论、示教、仿真、编程有机集成的线上线下混合式教学软件

首先，针对已有基于浏览器的理论知识(课件、教学视频等)、特征参数级、编程级底层开放、共享平台与示教实训、仿真实训分离问题，建立示教实训与仿真实训有机集成的培训知识环境构建方法。并针对现有平台培训知识的单一性表示与显示问题，改进培训知识的表示与呈现方法及基于自组织工业机器人培训知识的立体多角度可视化模型，建立了视频大数据语义模型体系，解决了动态培训知识多源异构数据的数字化重构，从而实现了培训知识"透明"可视化。因此，通过示教实训系统与教学软件屏幕映射技术，远程培训人员可以离线编程或示教器示教操作，通过网络控制现场操作机器人同步操作示教器屏幕。

6.3.4　教学软件、培训系统、服务平台有机融合的应用实训体验基地

本系统通过教学软件、培训系统、技术资源服务平台的有机融合，建立基于浏览器的理论-示教-仿真-编程有机集成、传统课堂-慕课课堂有机混合、教学软件-实训系统-服务平台有机融合的应用实训体验平台。首先，将国产的五轴切削机器人与常见的搬运、码垛人、喷涂等机器人优化组合，构建从毛胚到产品的完全自动化生产线的实训设备。其次，在实际生产单位中，根据操作型、应用型到集成

型的多层次人才培养要求，建立国产工业机器人应用实训体验基地。最后开设慕课，依托应用实训体验基地及其对应的慕课，向全国高校、职业院校、机器人生产厂家、机器人应用厂家示范推广。

6.4　机器人创新综合实训系统

本系统包括一套支持二次开发的工业机器人离线组态编程仿真实训软件，以建设工业机器人综合实训系统，进行示教实训和仿真实训，来满足各类学员(包括操作型、应用型、集成型和设计型)对国产工业机器人不同层次技能培训的需求。具体而言，工业机器人实训系统的建设方案如图 6-2 所示，包括动态建模与 3D 仿真、工业机器人离线组态编程以及后置代码转换与加载、工业机器人离线组态

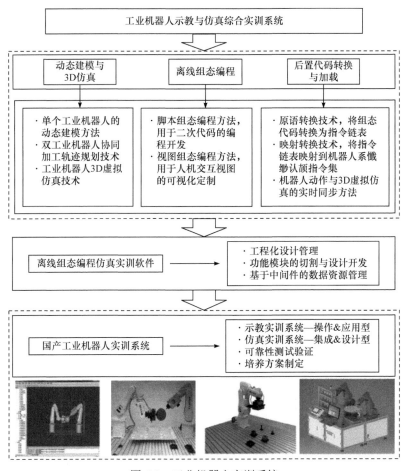

图 6-2　工业机器人实训系统

编程仿真实训软件，以及国产工业机器人实训系统的研发与测试。各项内容前后相继，从方法技术的突破、软件的设计开发到实训系统的搭建。前两项方法和技术的突破，是工业机器人离线组态编程仿真实训软件的关键前驱，而离线组态编程仿真实训软件是实训系统，尤其是仿真实训系统的重要组成部分，下面对实训系统各部分进行介绍。

6.4.1　工业机器人动态建模与 3D 仿真

机器人动态建模主要有两部分，一是进行单个工业机器人的动态建模，包括机械臂的运动学建模、终端位姿计算、路径规划、奇异区域规避、避障轨迹生成及轨迹优化等。二是双工业机器人协同加工轨迹规划技术，包括双机械臂的系统定标、复杂背景下双机械臂避撞路径规划、主从机械臂的运动学约束，以及主从机械臂协同加工多目标优化；本系统还包含有工业机器人 3D 仿真技术，主要是机械臂 3D 模型的点线面数据生成、3D 模型在虚拟场景中的层次化视图显示、基于观察者模式的 3D 模型可视化交互、数据驱动的 3D 模型与视图同步，以及模型特征的轨迹关联等，从而实现计算机环境下的工业机器人的 3D 虚拟仿真及其预设动作的动态预演。

6.4.2　工业机器人离线组态编程及后置代码转换与加载

工业机器人离线组态编程方法包括脚本组态和视图组态，脚本组态用于二次代码的编程开发，视图组态用于人机交互视图的可视化定制；在工业机器人后置代码转换与加载技术中，后置代码转换包括原语转换和映射转换，原语转换将组态代码转换为原语指令链表，映射转换则将原语指令链表映射为可供特定型号工业机器人加载的系统指令集；同时，通过开发指令控制下的工业机器人动作与全软件环境下的 3D 虚拟仿真视图之间的同步关联方法，来实现离线组态代码对工业机器人的功能快速定制与动作有效控制，以及组态代码驱动的机器人实时动作与 3D 虚拟仿真视图的高度同步关联。

6.4.3　工业机器人离线组态编程仿真实训软件

工业机器人离线组态编程仿真实训软件的工程化设计管理，包括软件框架、开发模式、开发环境、代码测试与质量评估、软件工程管理，以及软件维护等；软件的功能模块切割与设计开发，包括主体框架模块、数据控制模块、建模仿真方法库模块和输入输出模块；通过开发基于中间件技术的软件数据资源管理，结合对外开放接口，进行人机交互数据、组态仿真数据、控制流数据和算法数据的封装存储、资源调配和协调控制，进而形成一款支持二次开发的工业机器人离线组态编程仿真实训软件。

6.4.4　工业机器人实训系统的研发与测试

国产工业机器人实训系统的搭建，主要是基于传统示教方式的示教实训系统及基于离线组态编程仿真软件的仿真实训系统；通过建立工业机器人实训系统的可靠性测试验证方法，开发实验分析软件，建立国产工业机器人实训系统的多参数综合验证实验平台，来确保国产工业机器人实训系统的各项功能和性能均达到实际应用水平；此外，制定国产工业机器人实训系统的具体培训方案，满足不同层次技能培训人员的需求，包括操作型、应用型、集成型和设计型，并分析国产工业机器人线下职业培训中学员的各项数据，对实训系统与培训方案进行必要调整与迭代改进，从而实现工业机器人实训系统研发中方法和技术的创新与职业培训中实训体验的闭环优化提升。

6.5　机器人云资源服务平台

基于人工智能技术，结合云平台思想，以实现多种工业机器人的智能检索为目的，通过本系统内的机器人技术资源数据库，构建多个机器人公司技术数据库接口，整合工业机器人技术服务云平台接入，从而使整个系统具有云-边-端运算能力。同时，本系统为了整合了跨平台操作接口，并将工业机器人学科专业与不同企业和高校实际操作技术、虚拟仿真技术、基于互联网集成及一体化显示技术、人工智能检索技术深度融合，来搭建技术资源服务平台，提出了基于 ROS 的跨平台机器人操作接口和基于自动识别系统(automatic identification system，AIS)的模型求解及智能检索技术。机器人技术资源服务平台如图 6-3 所示。下面对机器人

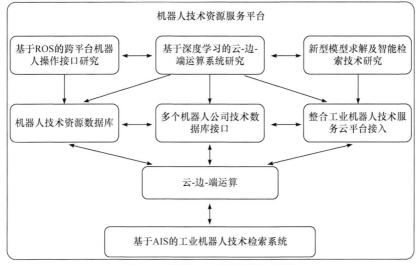

图 6-3　机器人技术资源服务平台

技术资源服务平台的各组成部分进行介绍。

6.5.1 跨平台机器人操作接口

对于工业机器人软件控制及操作的特点，需要从兼容性和开放性两个方面分析，来揭示工业机器人跨平台操作接口所具有的特征，即可移植性和可互操作性。针对此问题，本系统提出基于 ROS 的云机器人平台，即以面向服务的 ROS 软件框架为基础，侧重于机器人之间的全局数据存储、共享和交互，来设计跨平台的机器人操作接口。针对云机器人系统中，存在大量数据传输与计算的特点，将激光深度数据和图像数据等定义为标准的数据结构。同时将常用的服务组件，如图像处理和障碍检测等定义成统一的服务组件，提供给不同类型的机器人使用。同时，本系统采用面向服务的 ROS 软件框架，提出了一种云机器人平台的层次化架构，自上而下分别是全局云、本地云和机器人层三个层次。该平台架构结构简洁鲜明，加强了本地云对机器人的控制，云端可以搭建于常用的个人 PC 和服务器上，而且具有较为良好的适用性，不同类型的机器人可以通过统一的接口接入云平台网络中。

6.5.2 新型模型求解及智能检索技术

良好的云服务配置能保证云环境下的诸多用户可以在不同环境下，自由、快速获取其他用户提供的满足自己需求的服务信息，其实质是云服务的快速检索和精准匹配，即云服务的高效配置，如何进行云服务的高效配置是新型模型求解及智能检索技术的关键环节。针对这个问题，本系统提出了基于 AIS(人工免疫系统)的模型求解和智能检索方法，AIS 模拟了自然免疫系统的功能，具有噪声忍耐、无教师学习、自组织和记忆等特性，同时结合了分类器、神经网络及推理系统的一些优点，是实现云服务高效配置的有效工具。基于 AIS 技术，针对本系统内不同种类机器人的搜索智能度和搜索速度需求，开发了面向云服务平台的智能检索技术，实现模型的快速求解和智能检索。

6.5.3 基于深度学习的云-边-端运算系统研究

基于深度学习方法，将网络化技术、虚拟化技术、集成技术、服务化技术和云计算技术进行有效地融合，是解决大数据集成与快速检索问题的关键。云服务检索能够从云服务池中海量的云服务中，按照需求快速搜索出符合要求的候选云服务。针对系统内不同类型的工业机器人，首先建立结构紧凑的机器人技术资源数据库，并在此基础上，构建相应的数据库接口。该系统采用了人工智能方法来建立云-边-端工作模式，并利用多尺度和知识引导的深度学习技术实现智能检索。

6.6　本机器人教学系统特色

6.6.1　理论、示教、仿真有机集成的线上线下混合式教学软件构建技术

该教学软件基于"物联网"通信互联技术，将理论学习、示教、仿真、编程实训进行有机集成，使得受训人员在任何有网络的地方(宿舍、图书馆、家庭等)可全天候登录浏览器进行理论、示教、仿真、编程等受训内容的同步操作学习。同时，该教学软件具有多角度(理论、仿真、示教)，多模式(线上与线下、远程与本地)及多层次(操作型、应用型、集成型、设计型)、多功能(编程、操作、二次开发、集成应用)的优点，通过"互联网+教育技术"将慕课(授课视频、教学资源、讨论、远程授课等)和传统课堂有机混合，实现慕课和传统课堂一体化同步教学和学习，解决了传统课堂线上、线下理论、示教、仿真在空间和时间上的分离问题。

6.6.2　基于中间件的工业机器人离线组态编程技术

针对不同国产机器人厂商工业机器人产品的数据异构以及各自核心算法的差异性，本系统提出一种基于中间件技术的工业机器人离线组态编程思想。首先，将智能组态编程方法引入到机器人离线编程仿真实训软件的开发中，对不同国产机器人厂商工业机器人产品的现有数据接口进行二次封装，提升上层协议的一致性，降低不同型号国产工业机器人仿真实训中的编程复杂度。其次，采用中间件技术对软件数据资源进行管理，实现不同机器人产品控制柜内嵌运动学逆解优化算法的黑箱化，在充分考虑机器人厂商产品技术保密性和数据异构性的同时，借助原始配套算法确保机器人实时动作与 3D 虚拟仿真关联的同步性，使仿真实训系统精确度能够达到曲面加工等复杂案例的水平，从而确保仿真实训系统的通用性、易受性、精确度和可扩充性。

6.6.3　基于 ROS 云技术的工业机器人技术资源服务平台构建技术

本系统基于 ROS 的分布式框架设计，实现了具有通用化、层次化、高性能和易复用的机器人云平台。不同类型的机器人可以通过统一的 ROS 接口接入云平台网络中获取资源。此外，本系统建立了基于 AIS 技术的模型求解和智能检索方法，通过需求本体构建形式化需求匹配方式，实现模型的快速求解和智能检索。

6.6.4　工业机器人应用实训体验基地建设

基于"物联网"及通信技术，以现代教学理论方法为指导，国产工业机器

人设备为支撑，本系统将教学软件、实训系统、技术资源服务平台有机融合，构建基于浏览器的理论、示教、仿真、编程、慕课、技术资源服务同屏显示、同步操作的远程和本地有机互补的应用实训体验基地。从而突破现有线上培训系统只能示教、仿真、输入参数级限制，实现了在浏览器上进行五个教学环节实训。同时，也解决了现有实训平台教学软件、实训系统、技术资源服务平台分离的时间、地域限制，实现五个教学环节同步一体化学习，破解了现有培训平台机器人实验设备共享与学员专有这一矛盾限制，弥补了培训慕课没有示教、仿真、编程实训学习环节的不足，实现了慕课的五个教学环节一体化同步学习。

6.7　混合型机器人教学系统的应用效果

本书提出的机器人教学系统是集教学软件、实训系统、服务平台为一体的理论、示教、仿真有机融合的线上线下机器人教学系统，该系统的功能性能呈现形式主要有以下几个方面：

(1) 将教学环节(理论、仿真、示教有机集成)、教学资源(教学软件、实训系统、服务平台有机融合)、教学模式(慕课课堂、传统课堂有机混合)进行有机整合的教学软件；

(2) 开发的多模块、多种类(切削、焊接、码垛、喷涂、搬运)、多厂家(10个以上机器人公司的产品)、多模式(线上和线下、远程和本地)、多层次(操作型、应用型、集成型、设计型)、多技能(编程、操作、二次开发、集成应用)的实训系统；

(3) 建设形成的全方位(云-边-端)、智能化(AI 检索)、多角度(教学软件、实训系统)、大范围的技术资源服务平台。

此外，本书通过建设"透明可视化"应用实训体验基地，实现全方位、多层次、跨时空、多角度、多范围的国产工业机器人技术培训。具体包括具有基于浏览器的理论、仿真、示教、编程、慕课同屏显示和同步操作的教学软件；具有主从机械臂运动学约束新方法、数据驱动的机器人实时动作与 3D 虚拟仿真同步关联新技术、支持二次开发的工业机器人离线组态编程仿真实训软件，以及集国产工业机器人示教实训和仿真实训于一体的实训系统；具有云-边-端全方位工业机器人技术服务、基于 AIS 的云数据库智能搜索算法、教育软件-实训系统技术服务、覆盖范围广的技术资源服务平台。混合型机器人教学系统的应用效果如图 6-4 所示。

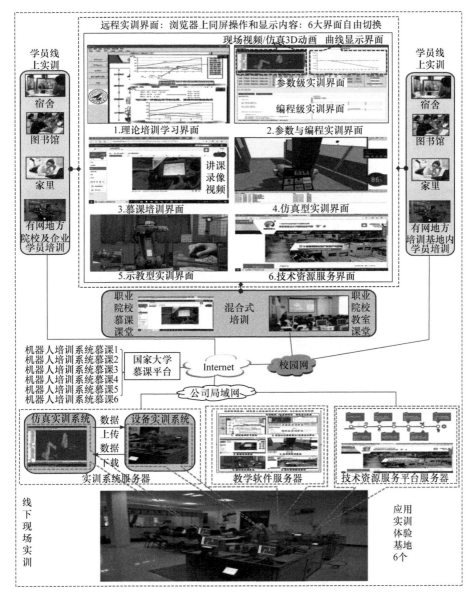

图 6-4　混合型机器人教学系统的应用效果

6.8　混合型机器人教学系统的人才培养方式

6.8.1　培养方式描述

采用教师在教室或学生在宿舍等有网络的地方，手持终端上，通过 Web 浏览器登录本教学平台，基于智能机器人中各运动学模型、轨迹规划等任务，设计算法、仿真分析、编制实验算法程序。点击启动按钮。开始控制，显示虚拟仿真模型 3D 动画和半物理仿真设备动作视频，控制并演示着虚拟仿真模型或远程实验设备运行的动作，分析着各种实验运行曲线，学习着与课程相关的理论技术。

6.8.2 培养方式演示

第一步：用户登录远程教学实验网站。打开远程教学实验网站后，在图 6-5 所示的首页中点击"登录"；随后输入用户名及密码，并点击"登录"，登录界面见图 6-6。

图 6-5　首页

图 6-6　登录界面

之后，用户可依据教学内容打开相应的课件、教材等界面，课程选择界面如

图 6-7 所示。点击“机器人操作设计与实践”课程，进入课程列表后自行选择学习内容，如“理论学习仿真”，内容学习选择界面如图 6-8 所示。

首页
作业
登录
退出系统
注册
全部课程
控制理论
电气工程
搜索
机器人控制理论
机器人操作设计与实践
共 2 条
前往
页

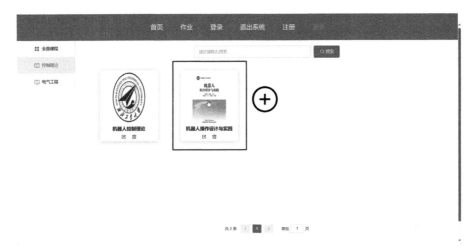

图 6-7　课程选择界面

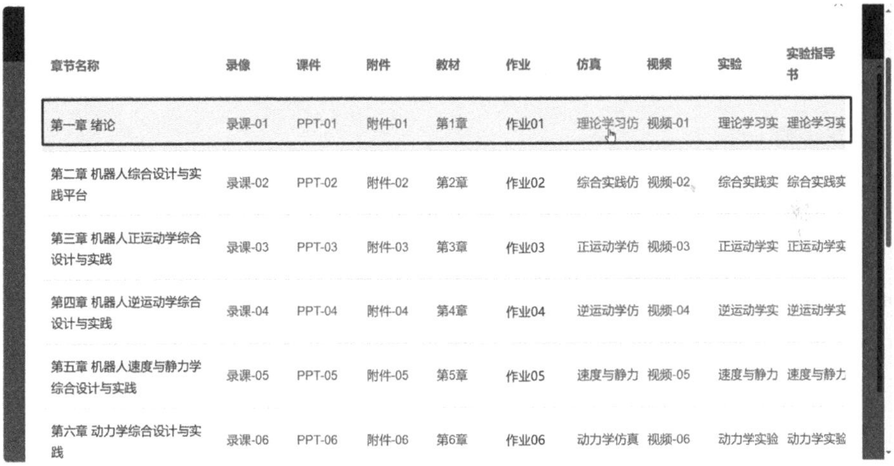

章节名称
录像
课件
附件
教材
作业
仿真
视频
实验
实验指导书
第一章 绪论 录课-01 PPT-01 附件-01 第1章 作业01 理论学习仿 视频-01 理论学习实 理论学习实
第二章 机器人综合设计与实践平台 录课-02 PPT-02 附件-02 第2章 作业02 综合实践仿 视频-02 综合实践实 综合实践实
第三章 机器人正运动学综合设计与实践 录课-03 PPT-03 附件-03 第3章 作业03 正运动学仿 视频-03 正运动学实 正运动学实
第四章 机器人逆运动学综合设计与实践 录课-04 PPT-04 附件-04 第4章 作业04 逆运动学仿 视频-04 逆运动学实 逆运动学实
第五章 机器人速度与静力学综合设计与实践 录课-05 PPT-05 附件-05 第5章 作业05 速度与静力 视频-05 速度与静力 速度与静力
第六章 动力学综合设计与实践 录课-06 PPT-06 附件-06 第6章 作业06 动力学仿真 视频-06 动力学实验 动力学实验

图 6-8　内容学习选择界面

第二步：相关理论内容的学习。

若点击图 6-8 界面中“录课-01”，可通过教师的线上讲解来学习课程相关的理论教学内容及实验模型等，理论学习界面如图 6-9 所示。

若点击图 6-8 界面中“PPT-01”，可进入与课程理论教学内容相关的课件，为学生自主学习提供参考，课件学习界面如图 6-10 所示。

第三步：熟悉并掌握机器人目标识别算法。目标苹果识别的主要步骤如图 6-11 所示。

图 6-9　理论学习界面

2. 机器人目标识别理论基础

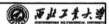

1) 原理

VJ检测器采用最直接的检测方法，即滑动窗口，查看图像中所有可能的位置和比例，看是否有窗口包含要识别的物体。虽然这似乎是一个非常简单的过程，但它背后的计算远远超出了计算机当时的能力。VJ检测器结合了"积分图像"、"特征选择"和"检测级联" 3种重要技术，提高了检测速度。VJ检测器主要采用的技术如下。

- ✓ 积分图像：积分图像是一种加速盒滤波或卷积过程的计算方法。与当时的其他目标检测算法一样，在VJ检测器中使用Haar小波表示图像特征。积分图像使得VJ检测器中每个窗口的计算复杂度与其窗口大小无关。
- ✓ 特征选择：使用AdaBoost算法从一组巨大的随机特征池（约18000维）中选择一组对目标检测最有帮助的小特征。
- ✓ 检测级联：在VJ检测器中引入多级检测范式（又称"检测级联"），通过减少背景窗口计算量，增加目标检测计算量，从而降低计算开销。

图 6-10　课件学习界面

　　在"图像识别"中点击"苹果识别"，在"示例代码"中浏览相关程序，如图 6-11(a)所示。再点击"选取图片"和"上传并识别"识别出图片中的目标物体，并标记出目标编号、标签等，且在面板上显示位置等信息，如图 6-11(b)所示。

　　学生可通过调整阈值(Conf_thres、Iou_thres)和输入图像尺寸(ImgSizeH 和 ImgSizeW)等参数找到最佳组合以获得最佳识别结果。在"目标识别算法"中可直接查看算法的整体网络结构、数据集构建等信息，如图 6-11(c)所示。

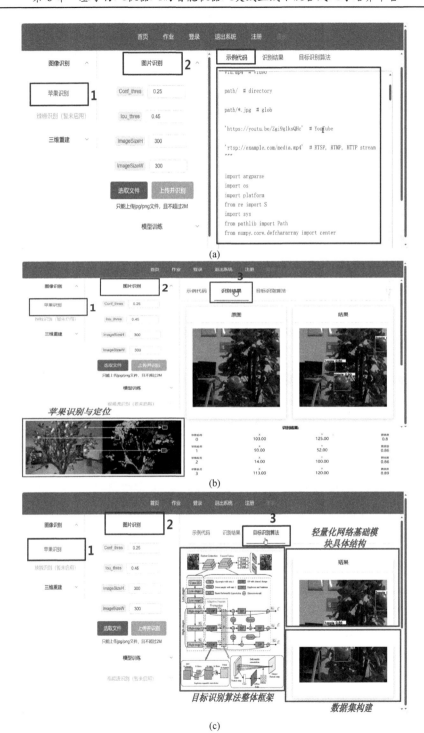

图 6-11　目标苹果识别的主要步骤

学生还可进行物体识别模型的训练实验。在"模型训练"中，设置周期(epochs)、批量大小(batch_size)等参数，点击"测试"后在"训练结果"中查看结果。模型训练结果如图 6-12 所示。

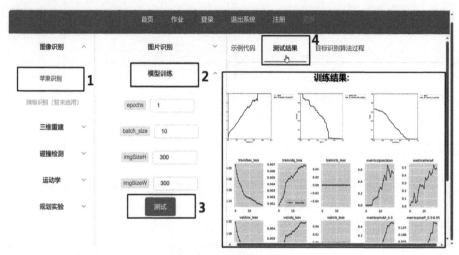

图 6-12　模型训练结果

第四步：果树的三维重建。目标果树三维重建过程的主要步骤如图 6-13 所示。

在"查看图片"中浏览果树图片后，点击"重建"完成果树三维模型的构建并在"重建结果"中查看结果，如图 6-13(a)和(b)所示。在"算法结构图"中可查看三维重建网络整体结构设计、轻量化主干网络设计和粗到细的深度估计策略的结构图，如图 6-13(c)所示。

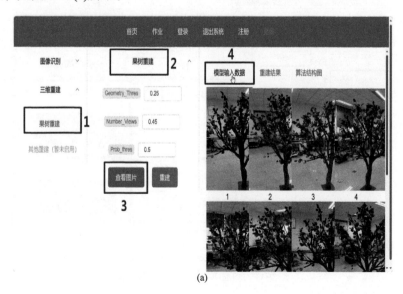

(a)

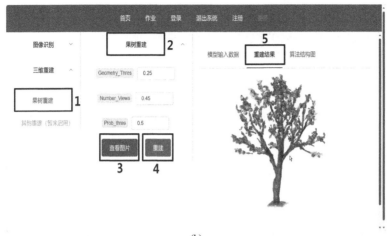

(b)

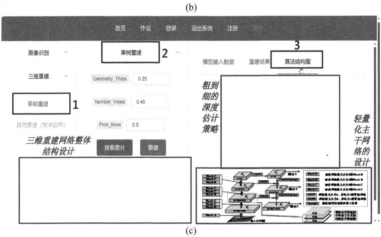

(c)

图 6-13　目标果树三维重建过程的主要步骤

学生可通过设置视图数量(Number_Views)、置信度阈值(Prob_thres)等参数,进行多次实验找到各参数的最佳组合以达到最佳重建效果。

第五步:目标果树点云场景的导入。点云场景导入的主要步骤如图 6-14 所示。

点击"场景信息导入"中的"导入点云",并通过修改 CellSize 参数控制重建果树点云数据的离散化程度和精度。

第六步:碰撞检测虚拟仿真实验。

拖动"操作机器人"中的滑动条对机器人碰撞进行实时检测,碰撞检测示意图如图 6-15 所示。改变各关节位置时,模型中的机械臂会随之运动。当有碰撞产生时,"反馈信息打印"框中将会一直输出"collision!!!"。

第七步:熟悉并掌握机器人逆运动学算法。逆运动学求解步骤如图 6-16 所示。

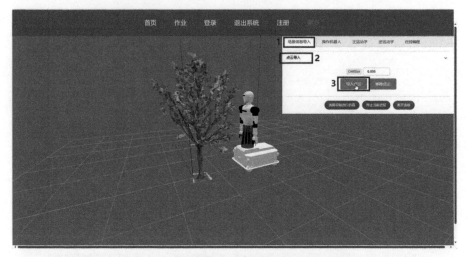

图 6-14　目标果树点云场景导入的主要步骤

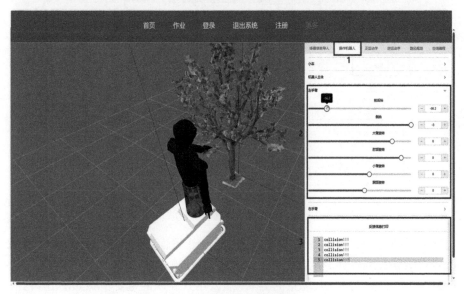

图 6-15　碰撞检测示意图

点击"逆运动学",输入目标苹果位姿并设置精度参数,再通过点击"确认参数并计算"将输出机器人的关节角度显示在面板的"计算结果"中,如图 6-16所示。

第八步:机器人正运动学。求解步骤如图 6-17 所示。

在"正运动学"中,将图 6-16 中的输出值分别写入图 6-17 中的输入框中,再通过点击"计算目标位置"输出目标位姿,并判断其是否与图 6-16 中的位姿一致。

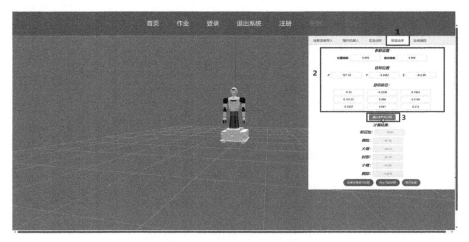

图 6-16　逆运动学求解步骤

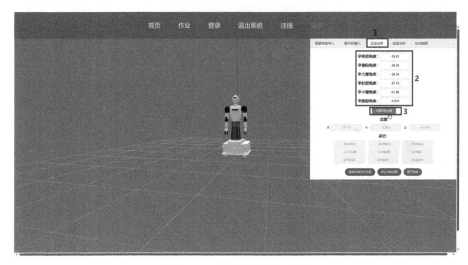

图 6-17　正运动学求解步骤

也可通过"在线编程"，自主编写正运动学程序后点击"发送运动学程序"控制机器人模型运动至目标位置，编程级正运动学操作步骤如图 6-18 所示。

第九步：熟悉并掌握机器人构型空间下的路径规划算法。机器人路径规划操作步骤如图 6-19 所示。

在"路径规划"中，根据构型空间路径规划算法，编写 C++、Java 或 JavaScript相关程序，点击"开始路径规划"，输出机器人安全无碰撞的一系列路径点，还可通过设置步长、目标偏置概率等参数测试算法性能。

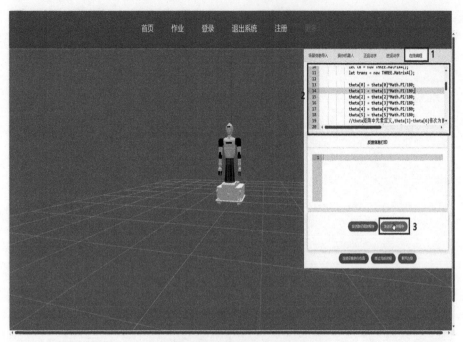

图 6-18　编程级正运动学操作步骤

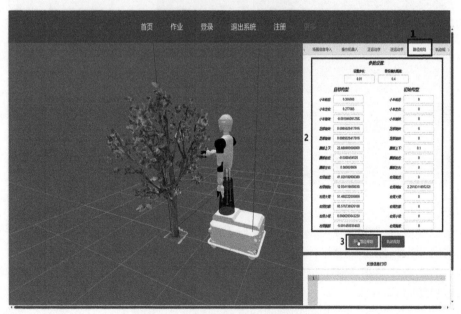

图 6-19　机器人路径规划操作步骤

第十步：虚拟仿真模型实验。机器人采摘任务的虚拟仿真实验图如图 6-20 所示。"操作机器人"界面中，根据各模块相关算法，编写 C++、Java 或 JavaScript 程序，点击"摘取仿真"，可在虚拟环境中观看到机器人模型完成摘取任务的仿真过程。

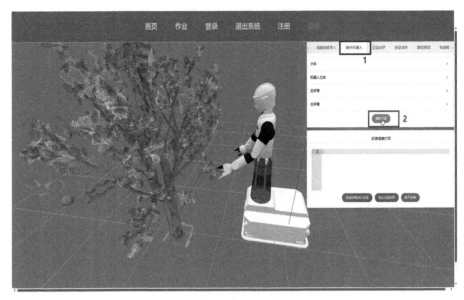

图 6-20　机器人采摘任务的虚拟仿真实验图

第十一步：参数级机器人运动规划半物理仿真实验。具体操作步骤如图 6-21 所示。

在"操作机器人"中，通过点击"连接设备进行仿真"将虚拟仿真模型与半

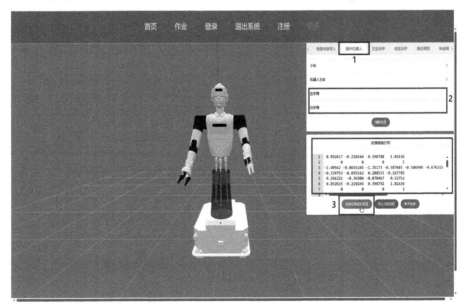

图 6-21　参数级机器人运动规划半物理仿真实验操作步骤

物理仿真设备相连接，根据以上步骤编写的相关程序，可分别实现虚拟仿真模型与半物理设备运动过程的一致性。参数级机器人运动规划半物理仿真实验实物运动如图 6-22 所示。

图 6-22　参数级机器人运动规划半物理仿真实验实物运动图

6.9　本章小结

针对国产工业机器人操作维护、安装调试、系统集成等对于应用人才的需求和职业教育领域缺乏工业机器人教学资源的现实问题，本书提出了一种应用于工业机器人职业培训和工程教育的混合式机器人教学系统。

这种混合式机器人教学系统可以通过围绕"教学软件—实训系统—服务平台"三个主体功能展开，由多角度(理论、仿真、示教)立体化机器人培训知识表示与呈现出发，开发多模块(25 套以上)、多种类(切削、焊接、码垛、喷涂、搬运等)、多厂家(10 个以上机器人公司产品)、多模式(线上与线下、远程与本地)、多层次(操作型、应用型、集成型、设计型)、多功能(编程、操作、二次开发、集成应用)教学软件和实训系统，全方位(云-边-端)、智能化(AI 检索)、多角度(教学软件、实训系统)、大范围的技术资源服务平台，并完成三者的一体化集成。

基于教学软件、实训系统、服务平台的研究成果，可以构建国产工业机器人应用实训体验基地，并在职业院校及机器人企业开展示范应用，进而全面提升我国在工业机器人应用与创新人才梯队建设进度，服务我国工业制造业的产业升级，满足工业机器人产业的快速发展。

第7章 线上线下混合式人才培养平台特色

7.1 平台人才培养特点

线上线下混合式人才培养平台具备一体化实时同步教学、游戏式教学和开发游戏式学习三大特色。

(1) 一体化实时同步教学。教师能够在教室实现理论、虚拟仿真实验与创新实践一体化同步教学，解决了学生上课玩手机的低头族上课问题。学生还能够在图书馆和宿舍通过浏览器完成理论、虚拟仿真实验与创新实践一体化同步学习。

(2) 游戏式教学。要使玩手机的"低头族"学生"抬头"听课，则必须实现上课比玩手机更有趣。本平台实现了游戏式教学：在讲台大屏幕上，显示着虚拟仿真动画和运行曲线，教师在讲台电脑上像打游戏一样，控制着远程半物理仿真实验设备，演示着远程半物理仿真实验设备的动作，分析着实验设备的运动曲线，讲解着课程的相关理论技术，指导着创新设计。讲台下学生欣赏着教师的讲课，上课当然比玩手机有兴趣多了，"低头族"自然变成了"抬头族"。

(3) 开发游戏式学习。学生在自己电脑上，根据被控对象设备模型、设计算法、编制程序，上传到实验室，运行着学生自己开发的程序，显示着动作视频和运行曲线，学生通过浏览器像打游戏一样，控制着远程半物理仿真实验设备，演示着远程半物理仿真实验设备的动作，分析着实验设备的运动曲线，学习着课程的相关理论技术，完成着创新训练。

平台独有的教学与学习特色，使学生在上课时主动积极参与课程讨论，增大了学习兴趣。在使用该系统上课时，所有学生都积极与实验设备、老师互动，讨论非常活跃、激烈。而且，在平台投入使用后，学生课后独立学习、复习非常积极。学生不仅白天在宿舍、图书馆登录该系统进行学习，而且在晚上很晚还有不少学生登录该系统进行设计、学习。此外，由于该教学平台理论、虚拟仿真实验与创新实践教学一体化同步，好多抽象理论知识通过观看虚拟仿真动画和半物理仿真实验设备视频、运行结果曲线，就能非常直观的理解，不仅学生学习愉悦，教师授课也非常轻松。

线上线下混合式人才培养平台还拓宽了实验设备对象，学生能够参与的实验基本都在教学实验室，而且台数较少、较大和较为昂贵的实验设备，学生几乎不能参与实验，通过本教学模式，不仅学生可以参与实验室的所有设备研究，而且通过设备模型实验与创新实践，极大地拓展了实验设备的局限性。

7.2　平台评价体系

本教学平台对学生所做的在线实验和创新实践操作与测试，可根据评分要求进行智能评价，给出相应分数。由于本虚拟实验仿真平台集成了理论、虚拟实验与创新实践所有资源，平台自动收集学生实验前理论学习、实验与创新实践过程、实验与创新实践成绩等相关数据，有助于教师分析相关数据进行教学效果评价，并进行持续改进。

7.3　平台对传统教学的延伸与拓展

线上线下混合式人才培养平台通过提供更丰富的学习资源和互动方式，延伸了传统教学的范围，主要体现如下。

(1) 突破了现有平台只能演示、输入参数级实验的限制，实现了在浏览器上编制程序进行虚拟仿真实验与创新实践、远程半物理仿真实验与创新实践。

(2) 解决了现有平台理论、虚拟仿真/半物理仿真实验与创新实践三个教学环节时间、地域限制，实现三个教学环节同步一体化随时、随地全程个性化学习。

(3) 打通了现有平台课程理论学习和虚拟仿真创新实践分离壁垒，实现了课程理论学习与虚拟仿真创新实践训练相辅相成的随时随地全程个性化学习。

(4) 破解了现有平台半物理仿真实验设备共享与学生专有这一矛盾限制，所谓专有指：需要半物理仿真实验时，学生手持终端与远程设备组成专有学习系统。所谓共享指：通过合理调度，使设备轮流在需要设备运行的学生手里。极大地提高了设备利用效率。

(5) 弥补了风靡全球的慕课没有虚拟仿真实验与创新实践学习环节不足，实现了慕课的三个教学环节一体化同步学习。

(6) 实现传统线下"高校课堂"与新兴线上"慕课课堂"的分离问题，实现了二者的有机融合。

参 考 文 献

[1] 潘懋元, 王伟廉. 高等教育学[M]. 福州: 福建教育出版社, 1995.

[2] 中共中央办公厅、国务院办公厅. 加快推进教育现代化实施方案(2018－2022 年)[R]. (2019-02-13).

[3] 吴岩. 新时代高等教育面临新形势[N]. 光明日报, 13 版, 2017.

[4] 金慧, 刘迪, 高玲慧. 新媒体联盟《地平线报告》(2016 高等教育版)解读与启示[J]. 远程教育杂志, 2016, 34: 3-10.

[5] 孙歆, 王永固, 邱飞岳. 基于协同过滤技术的在线学习资源个性化推荐系统研究[J]. 中国远程教育, 2012, 8: 78-82.

[6] Lai J C, Li Z, Ji Y, et al. Research on experiment-guidance-theory teaching mode in optics course[C]//14th Conference on Education and Training in Optics and Photonics, Hangzhou, 2017.

[7] 苏宏, 陈阳键, 吴迪, 等. 新媒体联盟 2016 地平线报告高等教育版[J]. 广州广播电视大学学报, 2016, 16: 1-21.

[8] 张成龙, 李丽娇. 论基于 MOOC 的混合式教学中的学习支持服务[J]. 中国远程教育, 2017, (2): 66-71.

[9] 吴全洲. Blending learning 与教育技术理论的发展[J]. 中小学信息技术教育, 2006, (9): 22-23.

[10] 何克抗. 从 Blending Learning 看教育技术理论的新发展(上)[J]. 电化教育研究, 2004, 3: 1-6.

[11] 何克抗. 从 Blending Learning 看教育技术理论的新发展(下)[J]. 电化教育研究, 2004, 4: 22-26.

[12] 何克抗. 关于发展中国特色教育技术理论的深层思考(上)[J]. 电化教育研究, 2010, 5: 5-19.

[13] 何克抗. 关于发展中国特色教育技术理论的深层思考(下)[J]. 电化教育研究, 2010, 6: 39-54.

[14] 冯晓英, 孙雨薇, 曹洁婷. "互联网+"时代的混合式学习: 学习理论与教法学基础[J]. 中国远程教育, 2019, 2: 7-16.

[15] 王雪双. 英国高等教育与科研体系改革趋势——《知识经济时代的成功: 卓越的教学, 社会流动和学生的选择》白皮书述评[J]. 世界教育信息, 2017, 30: 16-21.

[16] 伍红林. 从《博耶报告三年回顾》看美国研究型大学本科生研究性教学[J]. 高等工程教育研究, 2005, 1: 79-82.

[17] 王佳, 翁默斯, 吕旭峰. 《斯坦福大学 2025 计划》: 创业教育新图景[J]. 世界教育信息, 2016, (10): 23-26.

[18] 李明华. 教育变革的新职业: 学习工程师——美国麻省理工学院最新研究报告评述[J]. 开放教育研究, 2016, 22: 24-36.

[19] Jia J. Investigating a blended learning model in an online environment[J]. International Journal of Continuing Engineering Education and Life Long Learning, 2017, 27: 72-86.

[20] Lervik M J, Haave H M, Vold T, et al. Blended learning: How to combine different ways to interact online[J]. Computer Science, 2017, (1): 289-303.

[21] Makarova I, Shubenkova K, Tikhonov D, et al. An integrated platform for blended learning in

engineering education[C]. International Conference on Computer Supported Education, Porto, 2017, 2: 171-176.

[22] Rahman A. A blended learning approach to teach fluid mechanics in engineering[J]. European Journal of Engineering Education, 2017, 42: 252-259.

[23] 杜世纯, 傅泽田. 基于 MOOC 的混合式学习及其实证研究[J]. 中国电化教育, 2016, (12): 129-133.

[24] 杜世纯, 傅泽田. 混合式学习探究[J]. 中国高教研究, 2016, 92: 52-55.

[25] 杜世纯, 傅泽田, 王怡. 浅论 MOOC 对我国高等教育的影响与启示[J]. 高等农业教育, 2014, 5: 41-43.

[26] Green H, Facer K, Rudd T, et al. Personalisation and digital technologies[R]. Futurelab, Bristol, 2005.

[27] 余勇军. 基于 Internet 的 EDA 虚拟实验室及虚拟仪器系统研究[D]. 西安: 西安电子科技大学, 2004.

[28] Ball J, Patrick K. Learning about heat transfer-"Oh, I see"experiences[C]. FIE'99 Frontiers in Education. 29th Annual Frontiers in Education Conference, Piscataway, 1999, 2: 12C5/1-12C5/6.

[29] Choy S, Jim K, Mak C, et al. Remote-controlled optics experiment for supporting senior high school and undergraduate teaching[C]. Education and Training in Optics and Photonics, Hangzhou, 2017.

[30] Gourmaj M, Naddami A, Fahli A, et al. Teaching power electronics and digital electronics using personal learning environments from traditional learning to remote experiential learning[J]. International Journal of Online Engineering, 2017, 13: 18-30.

[31] Bjelica M, Simić-Pejović M. Experiences with remote laboratory[J]. International Journal of Electrical Engineering Education, 2018, 55: 79-87.

[32] Cardoso A, Sousa V, Gil P. Demonstration of a remote control laboratory to support teaching in control engineering subjects[J]. IFAC-PapersOnLine, 2016, 49: 226-229.

[33] 许芬, 田兴旺, 郑勇. 开放式远程实验室教学系统的设计与实现[J]. 北方工业大学学报, 2008, 20: 27-31.

[34] 张云鸽. PLC 课程教学做一体化教学模式探索[J]. 新课程研究: 职业教育, 2013, (2): 71-72.

[35] 李庆玲. 关于 "教学做" 一体化教学模式的探索与实施[J]. 内蒙古水利, 2011, (5): 179-180.

[36] 王树瑾, 阴奇越. 《电工电子技术》课程 "教学做" 一体化教学模式的研究[J]. 科技创新导报, 2011, (4): 190.

[37] 程翠萍, 牛勇, 李琳. 教学做一体化教学模式探讨[J]. 国网技术学院学报, 2013, 16: 68-69.

[38] 罗文, 朱国军, 王文杰. PLC 控制系统分析与实践课程教学做一体化教学模式的实践与探索[J]. 长沙航空职业技术学院学报, 2011, 11: 17-20.

[39] 罗蔓, 莫薇, 宁文珍. "教学做" 一体化教学模式的实践研究[J]. 中国电力教育, 2009, (6): 118-119.

[40] 马玉龙, 白杨, 周雨. "教学做" 一体化教学模式在计算机课程中的应用[J]. 考试周刊, 2013, (43), 124.

[41] 徐文娟, 韩仁学, 杨德生, 等. 基础实验一体化教学改革研究与实践[J]. 中国电力教育,

2013, (3): 85-86.

[42] 肖伟才. 理论教学与实践教学一体化教学模式的探索与实践[J]. 实验室研究与探索, 2011, 30: 81-84.

[43] 吴映辉, 程静. 理论实践一体化教学模式的探讨[J]. 职业教育研究, 2008, (6): 45-46.

[44] 杜峰, 杜文才. 基于新型 Smith 预估补偿的网络控制系统[M]. 北京: 科学出版社, 2012.

[45] 徐星星, 张春, 何慧云, 等. 基于改进 Smith 预估时延补偿的 GPC 网络控制系统研究[J]. 南阳师范学院学报, 2016, 15: 39-43.

[46] Batista A P, Jota F G. Performance improvement of an NCS closed over the internet with an adaptive Smith Predictor[J]. Control Engineering Practice, 2018, 71: 34-43.

[47] Bonala S, Subudhi B, Ghosh S. On delay robustness improvement using digital smith predictor for networked control systems[J]. European Journal of Control, 2017, 34: 59-65.

[48] 胡丹. NSC 中单包传输的数学模型建立[J]. 科学技术与工程, 2010, 10(9): 2230-2232.

[49] Nilsson J. Real-time control systems with delays[D]. Lund: Lund Institute of Technology, 1998.

[50] 商丽娜, 张荣标. 时延网络控制系统的研究综述[J]. 工业控制计算机, 2007, 20(5): 1-3.

[51] 任毅. 网络控制系统中控制与调度协同研究[D]. 沈阳: 沈阳工业大学, 2019.

[52] 乔小宇. 精品课程网络平台的设计与实现[D]. 西安: 西安电子科技大学, 2012.

[53] 宋燕. 网络控制系统时延、丢包与错序问题研究[D]. 上海: 上海交通大学, 2012.

[54] 康军, 戴冠中. 具有状态观测器的网络化控制系统的设计机[J]. 控制与决策, 2010, 25(6): 943-947.

[55] 汤涌. 基于电机参数的同步电机模型[J]. 电网技术, 2007, 31(12): 47-51.

[56] 施永, 徐冬, 于鸿儒, 等. 基于系统辨识建模的微网二次电压频率控制器参数设计方法[J]. 电力系统自动化, 2020, 44(13): 89-97.

[57] Leone, Vanessa, Faraldo-Gomez, et al. Structure and mechanism of the ATP synthase membrane motor inferred from quantitative integrative modeling[J]. Journal of General Physiology, 2016, 148(6): 441-457.

[58] 夏长亮, 方红伟. 永磁无刷直流电机及其控制[J]. 电工技术学报, 2012, 27(3): 25-34.

[59] Akn B. An improved ZVT-ZCT PWM DC-DC boost converter with increased efficiency[J]. IEEE Transactions on Power Electronics, 2013, 29(4): 1919-1926.

[60] 马宁, 吕晶薇, 高小松, 等. 直流无刷电机霍尔位置传感器电磁干扰机理与试验研究[J]. 新技术新工艺, 2019, (7): 51-55.

[61] 刘纯金. 交流同步电机矢量控制系统研究[D]. 北京: 北京交通大学, 2010.

[62] Neuenschwander B A, Helled R, Movshovitz N, et al. Connecting gravity field, moment of inertia, and core properties in Jupiter through empirical structure models[J]. The Astrophysical Journal, 2021, 910(1): 1-11.

[63] 强明辉, 张京娥. 基于 MATLAB 的递推最小二乘法辨识与仿真[J]. 自动化与仪器仪表, 2008, (6): 4-5, 39.

[64] Gao Y, Wang D. Least squares identification method for differential equations of gene regulatory networks[C]. Proceedings of the 33rd Chinese Control Conference, Nanjing, 2014.

[65] 陈慧波, 丁锋. SIMO 系统辅助变量最小二乘盲辨识方法[J]. 系统工程与电子技术, 2009, (4): 905-910.

[66] Feng D, Liu P X, Liu G. Multiinnovation least-squares identification for system modeling[J]. IEEE Transactions on Systems, Man, and Cybernetics, Part B(Cybernetics), 2010, 40(3): 767-778.

[67] 侯媛彬, 汪梅, 王立琦. 系统辨识及其 MATLAB 仿真[M]. 北京: 科学出版社, 2004.

[68] Wang Z, Wang X T, Wang T, et al. Research on accuracy analysis and motion control of two-axis non-magnetic turntable based on Ultrasonic Motor Journal[J]. Mechanika, 2020, 26(3): 221-230.

[69] 李强, 薛开, 李霞. 三轴仿真转台设计及动力学耦合分析[J]. 机械设计, 2012, 29(5): 15-20.

[70] 刘立刚. 电动扭矩加载系统研制及其控制技术研究[D]. 哈尔滨: 哈尔滨工程大学, 2013.

[71] 丁坚勇, 陈允平, 张承学. 同步电机状态空间连续模型参数直接辨识法[J]. 湖北电力, 2000, 24(3): 1-4.

[72] 林存海, 曹广锋. 基于改进型重复控制的三轴转台解耦与控制[J]. 光电技术应用, 2014, 29(2): 79-82.

[73] 辛业春, 李国庆, 王朝斌,等. 基于状态反馈解耦控制的 MMC-HVDC 系统控制策略研究[J]. 电测与仪表, 2015, 52(20): 65-70.

[74] 王瑜瑜, 刘少军, 王曙霞,等. 状态反馈解耦附加 PI 控制策略的仿真研究[J]. 电子测量技术, 2017, 40(9): 26-30.

[75] 郭永吉. 一种基于状态反馈精确线性化解耦的光伏逆变器滑模控制策略[J]. 自动化与仪表, 2021, 36(4): 30-34, 56.

[76] Iqbal K. A Parameterization and an algorithm for the selection of decoupling feedback gains[C]. 1993 American Control Conference, San Francisco, 1993.

[77] 李擎, 杨立永, 李正熙,等. 异步电动机定子磁链与电磁转矩的逆系统解耦控制方法[J]. 中国电机工程学报, 2006, 26(6): 146-150.

[78] 张婷婷, 朱熀秋. 无轴承同步磁阻电机逆系统的解耦控制[J]. 控制理论与应用, 2011, 28(4): 545-550.

[79] 陈亮亮, 祝长生, 王忠博. 基于逆系统解耦的电磁轴承飞轮转子系统二自由度控制[J]. 电工技术学报, 2017, 32(23): 100-114.

[80] Fang J, Ren Y. Decoupling control of magnetically suspended rotor system in control moment gyros based on an inverse system method[J]. IEEE/ASME Transactions on Mechatronics, 2012, 17(6): 1133-1144.

[81] Wang C, Zhao W, Luan Z, et al. Decoupling control of vehicle chassis system based on neural network inverse system[J]. Mechanical Systems and Signal Processing, 2018, (106): 176-197.

[82] 吕东阳, 王显军. 基于模糊 PID 控制的电机转台伺服系统[J]. 计算机应用, 2014, (S1): 166-168, 185.

[83] 杨昕红, 刘长文. 基于 MATLAB 的直流无刷电机模糊 PID 控制设计[J]. 仪表技术与传感器, 2019, (11): 105-108.

[84] 孙钟阜. 模糊控制在武装机器人稳定平台中的应用[J]. 四川兵工学报, 2015, (11): 15-18.

[85] 冯杨. 基于改进型 BP 神经网络 PID 控制器在转台系统中的应用研究[J]. 仪表技术, 2014, (4): 32-35.

[86] 何芝强. PID 控制器参数整定方法及其应用研究[D]. 杭州: 浙江大学, 2005.

[87] 刘小艳, 张泉灵, 苏宏业. PID 控制器的性能监控与评估[J]. 计算机与应用化学, 2010, (1): 91-94.

[88] Shah P, Agashe S . Review of fractional PID controller[J]. Mechatronics, 2016, 38: 29-41.

[89] 黄友锐. PID 控制器参数整定与实现[M]. 北京: 科学出版社, 2010.

[90] Li Y, Tang C, Liu K. PID parameter self-setting method base on S7–1200 PLC[C]. IEEE 2011 International Conference on Electrical and Control Engineering, Yichang, 2011.

[91] 路平, 刘凯, 王龙. 基于神经网络模糊控制理论的转台伺服系统控制设计[J]. 计算机测量与控制, 2016, 24(7): 86-89.

[92] 李军伟. 仿真转台电液伺服系统及其中框同步控制技术的研究[D]. 哈尔滨: 哈尔滨工业大学, 2003.

[93] Yadav K, Maurya S. Fuzzy control implementation for energy management in hybrid electric vehicle[C]. 2021 International Conference on Computer Communication and Informatics, Nagoya, 2021.

[94] 孙灿飞, 蔡元友, 龙海军. 电子式氧气调节器中步进电机模糊控制技术研究[J]. 测控技术, 2013, 32(4): 78-81.

[95] 胡玮, 阮健, 李胜, 等. 基于 DSP 的直流伺服电机的双闭环控制系统[J]. 机电工程, 2012, 29(1): 70-73.

[96] 倪有源, 陈浩, 何强, 等. 无位置传感器无刷直流电机三闭环控制系统[J]. 电机与控制学报, 2017, (4): 62-69.

[97] 李宗帅, 张革文, 刘艳敏, 等. 基于 LQR 的直流电机伺服系统三闭环 PID 控制器设计[J]. 微电机, 2016, 49(5): 58-62.

[98] Grabner H, Amrhein W, Silber S, et al. Nonlinear feedback control of a bearingless brushless DC motor[J]. IEEE/ASME Transactions on Mechatronics, 2009, 15(1): 40-47.

[99] Abramov I V, Nikitin Y R, Abramov A I, et al. Control and diagnostic model of brushless DC motor[J]. Journal of Electrical Engineering, 2014, 65(5): 277-282.

[100] 王华培, 魏彤, 李海涛. 基于改进 Smith 预估器的无刷直流电机电流环控制方法研究[J]. 微电机, 2012, 45(3): 47-50.

[101] 栾若轩. 基于解耦和滑模的三轴转台控制方法研究[D]. 北京: 北京理工大学, 2015.

[102] 邵鹏飞, 苗瑾超. 基于工业软总线的工业网络控制课程教学研究[J]. 浙江万里学院学报, 2018, 31(3): 92-96.

[103] 骆敏舟, 方健, 赵江海. 智能自主机器人的技术发展及其应用[J]. 机械制造与自动化, 2015, 44(1): 1-4.

[104] 靖娟, 范宏斌. 浅析高职院校开设智能自主机器人专业的必要性[J]. 职业教育(下旬刊), 2015, (6): 45-46.

[105] Bazelais P, Doleck T. 混合式学习与传统学习: 大学力学课程的比较研究[J]. 教育与信息技术, 2018, 23: 2889-2900.

[106] 王金旭, 朱正伟, 李茂国. 混合式教学模式: 内涵、意义与实施要求[J]. 高等建筑教育, 2018, 27(4): 7-12.

[107] Lukač D. Simulation of a pick-and-place cube robot by means of the simulation software KUKA Sim Pro[C]. 2018 41st International Convention on Information and Communication

Technology, Electronics and Microelectronics, Opatija, 2018.

[108] Waibel M, Beetz M, Civera J, et al. Roboearth[J]. IEEE Robotics & Automation Magazine, 2011, 18(2): 69-82.

[109] Mohanarajah G, Hunziker D, D'Andrea R, et al. Rapyuta: A cloud robotics platform[J]. IEEE Transactions on Automation Science and Engineering, 2015, 2: 481-493.

[110] Dogmus Z, Erdem E, Patoglu V. RehabRobo-Onto: Design, development and maintenance of a rehabilitation robotics ontology on the cloud[J]. Robotics and Computer-Integrated Manufacturing, 2015(33): 100-109.

[111] 谭杰夫, 丁博, 郭长国, 等. 基于云计算的机器人 SLAM 架构的实现与优化[J]. 软件, 2015, (10): 17-20, 25.

[112] 周风余, 尹磊, 宋锐, 等. 一种机器人云平台服务构建与调度新方法[J]. 机器人, 2017, (1): 89-98.

[113] 胡今鸿, 李鸿飞, 黄涛. 高校虚拟仿真实验教学资源开放共享机制探究[J]. 实验室研究与探索, 2015, 34(2): 140-144.

[114] 栾雅静, 苏征, 徐哲龙. 国家级实验教学示范中心开放式教学模式的探索[J]. 实验室科学, 2020, 23(5): 114-115, 119.